消されたマッカーサーの戦い

日本人に刷り込まれた〈太平洋戦争史〉

田中宏巳

吉川弘文館

目　次

はじめに　1
1　消されたマッカーサーの戦い　1
2　消されたマッカーサーの島嶼戦　6

I　想定されなかった「島嶼戦」……13

一　島嶼戦とは何か　15
二　米軍と日本軍の島嶼戦　20
1　マッカーサーの島嶼戦　20
2　ニミッツの島嶼戦との比較　30
3　統帥権に縛られた日本の島嶼戦　38
4　航空戦に支配された島嶼戦　52
5　新米機動部隊の登場は島嶼戦にとって代わったか　62

Ⅱ　CI&Eの『太平洋戦争史』と「真相箱」……71
一　「太平洋戦争史」の発表　73
二　「真相はこうだ」と「真相箱」　86
1　「真相はこうだ」の追い打ち　86
2　「真相箱」の製作　92
3　「真相箱」の問題点　99
Ⅲ　G2歴史課が編纂した戦史……117
一　ウィロビーの戦史編纂の動き　119
二　G2歴史課の設置　130
三　日本側の資料収集態勢　145
四　『マッカーサーレポート』の刊行　164
五　『マッカーサーレポート』の検証　172
1　第一巻第一分冊について　176
2　第一巻第二分冊について　182
3　第二巻第一分冊について　184
4　第二巻第二分冊について　188

5 『マッカーサーレポート』編纂の歴史的意義 191
6 『マッカーサーレポート』の副産物——『トラトラトラ』『大東亜戦争全史』 196
7 『太平洋戦争日本海軍戦史』について 212

おわりに 215
註 221
あとがき 227
索引

挿図・挿表目次

図1　米軍による二つの進攻ルート……3
図2　マッカーサー……8
図3　山本五十六……16
図4　ニューギニア・ソロモン方面図……28
図5　米軍のガダルカナル島上陸作戦……31
図6　ニミッツ……35
図7　ニューギニア・ソロモン方面への指揮系統……42
図8　米軍機のトラック島空襲……58
図9　マッカーサーとニミッツの分担……64
図10　「真相はこうだ」のラジオ放送……88
図11　南西太平洋方面軍の組織……105
図12　法廷に立たされた山下奉文……111
図13　ウィロビー……127
図14　G2歴史課の置かれた日本郵船ビル……136
図15　『マッカーサーレポート』日本側の編纂体制……142
図16　服部卓四郎……159
図17　『マッカーサーレポート』に収められた図版……166
図18　『マッカーサーレポート』第一巻第二分冊……174
図19　プランゲ……197
図Ⅰ　P38を量産するロッキード工場……13
図Ⅱ　GHQ本部の置かれた第一生命ビル……71
図Ⅲ　レイテ島に「帰還」したマッカーサー……117
表1　単行本『太平洋戦争史』目次……76
表2　「太平洋戦争史」新聞連載と単行本の比較……77
表3　海上作戦……97
表4　陸上作戦……98
表5　航空作戦……98
表6　『マッカーサーレポート』日米両グルー

プの編纂体制……138
表7 GHQ/G2歴史課による尋問の推移……148
表8 史実調査部による調査状況……156
表9 「戦争記録」の収蔵状況……162
表10 『大東亜戦争全史』の執筆分担……207
表11 『大東亜戦争全史』に見える中国大陸の戦況……208
表Ⅰ 太平洋戦争関連年表……14
表Ⅱ GHQの占領政策と『太平洋戦争史』・『真相箱』……72
表Ⅲ 『マッカーサーレポート』刊行までの流れ……118

太平洋戦争戦域図

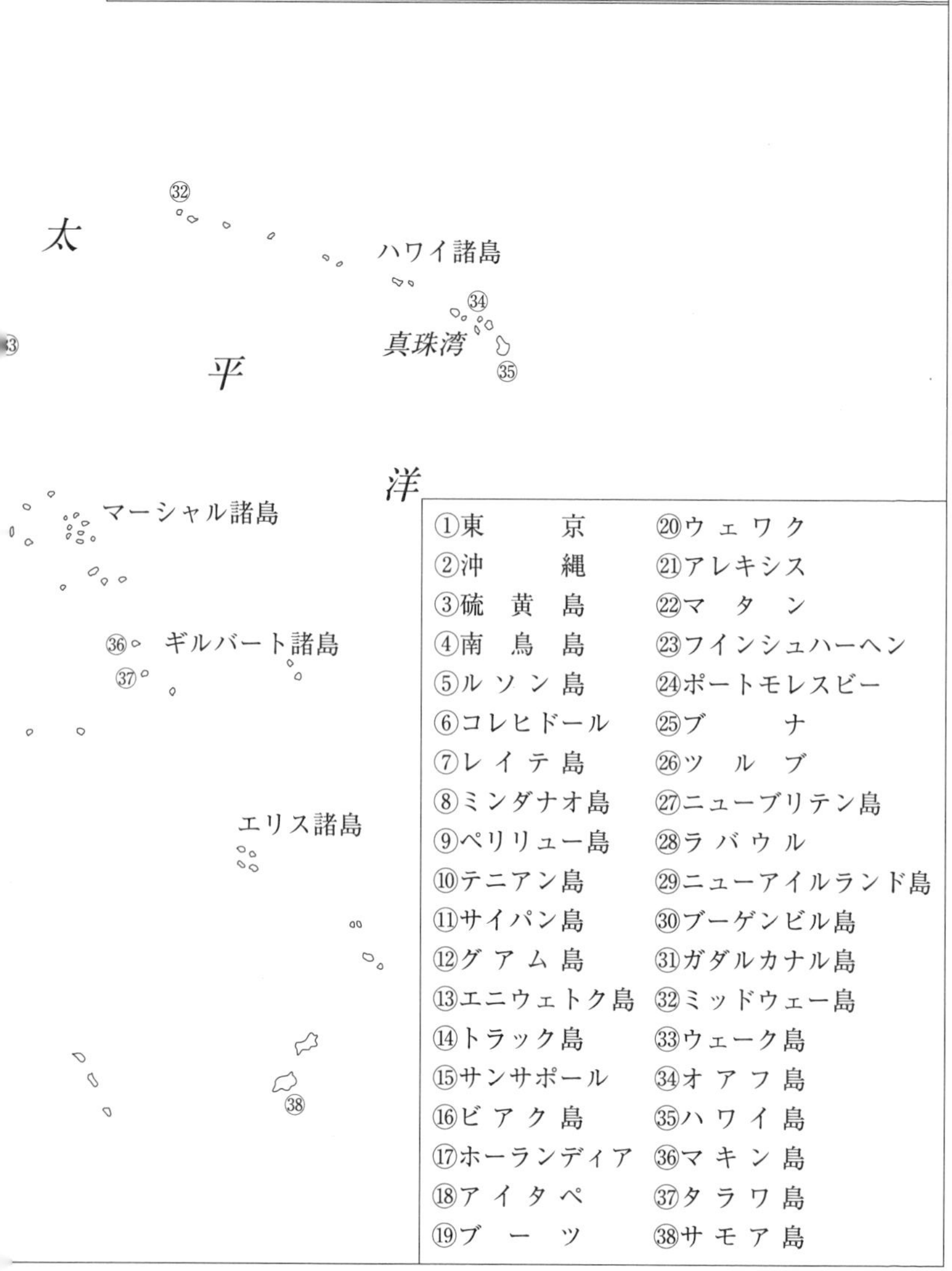

太
平
洋
ハワイ諸島
真珠湾
マーシャル諸島
ギルバート諸島
エリス諸島
①東京
②沖縄
③硫黄島
④南鳥島
⑤ルソン島
⑥コレヒドール
⑦レイテ島
⑧ミンダナオ島
⑨ペリリュー島
⑩テニアン島
⑪サイパン島
⑫グアム島
⑬エニウェトク島
⑭トラック島
⑮サンサポール
⑯ビアク島
⑰ホーランディア
⑱アイタペ
⑲ブーツ
⑳ウェワク
㉑アレキシス
㉒マタン
㉓フインシュハーヘン
㉔ポートモレスビー
㉕ブナ
㉖ツルブ
㉗ニューブリテン島
㉘ラバウル
㉙ニューアイルランド島
㉚ブーゲンビル島
㉛ガダルカナル島
㉜ミッドウェー島
㉝ウェーク島
㉞オアフ島
㉟ハワイ島
㊱マキン島
㊲タラワ島
㊳サモア島

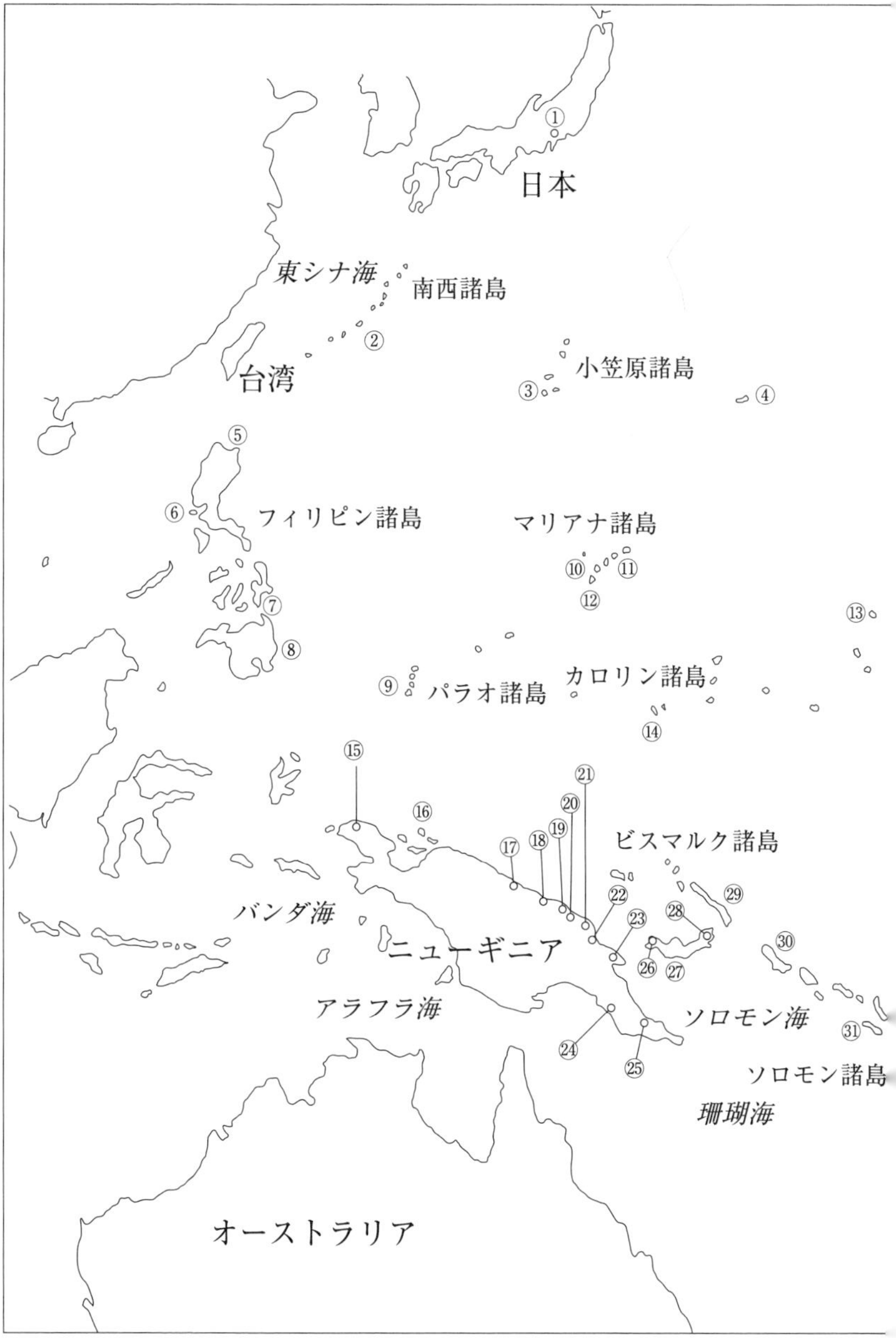
日本
東シナ海
南西諸島
台湾
小笠原諸島
フィリピン諸島
マリアナ諸島
カロリン諸島
パラオ諸島
ビスマルク諸島
バンダ海
ニューギニア
アラフラ海
ソロモン海
ソロモン諸島
珊瑚海
オーストラリア
①
②
③
④
⑤
⑥
⑦
⑧
⑨
⑩
⑪
⑫
⑬
⑭
⑮
⑯
⑰
⑱
⑲
⑳
㉑
㉒
㉓
㉔
㉕
㉖
㉗
㉘
㉙
㉚
㉛

はじめに

1　消されたマッカーサーの戦い

日米決戦にふさわしい「太平洋戦争」

第二次世界大戦の一環であるアジアおよび太平洋方面の戦争の呼称について、ＧＨＱが命じた「太平洋戦争」では、中国大陸や東南アジア方面の戦いまで包摂しにくい、そのため、「大東亜戦争」でいくべきと主張する意見が、近年一部の日本人の中で強まりつつある。政府が決めたことだから従うのが当然だという理屈だが、ＧＨＱの命令で変更され、今日まで守られているものはいくらでもあるのに、戦争の呼称だけにこだわるのは理解しかねる。もっとも「大東亜戦争」呼称論者でなくても、「太平洋戦争」では東南アジアや中国大陸の戦争をカバーしにくいとして、近年、「アジア太平洋戦争」という呼称を用いる例が多くなってきている。

だが軍事史的見地からいえば、これに異論がないわけではない。東南アジアや中国大陸の戦いと無関係に、太平洋における日米の戦いは、昭和十九年（一九四四）になると米軍の攻勢が一挙に強まり、そのまま日本本土に攻め込む一歩手前の戦況となり、そのうえ、原爆投下があり、ついに日本は降伏を受け入れた。他方、中国大陸や東南アジア方面では、ビルマを除き降伏を迫られる戦況ではなかったが、本土からの命令で中国大陸や東南アジアで降伏した。なぜ勝者が敗者に降伏しなければならないのか、といった強い憤りが各地の軍隊内で出た実情をみれば、どのような戦況であったかが推察できる。

中国大陸や東南アジアで戦っている連合国軍には、数年以内に日本本土に攻め込み、決着をつける能力があったとは思えない。これに対して太平洋で戦う米軍だけは、短期間に日本本土を陥れる能力があり、戦争に決着をつける実力を有していた。これが太平洋における日米の戦いを特別扱いし、固有の名称として「太平洋戦争」を冠する理由である。だが米軍にも二つのグループがあり、両者が日本本土を陥れる能力があったのかというと、それには疑問の余地がある。

日本進攻の二つのルート―マッカーサーとニミッツ―

米軍の本土進攻には大略二つのルートがあり、一つは、マッカーサーが率いる連合軍南西太平洋方面軍がニューギニア・ソロモン方面からフィリピンに進出して日本本土をうかがうルートであり、昭和十七年(一九四二)半ばから終戦時まで攻勢を続け、最後には日本占領の主力軍になった。もう一つはニミッツが率いる北・中・南太平洋方面軍で、昭和十七年後半にガダルカナル島での激戦に勝利したあと、しばらく戦力整備につとめ、十八年(一九四三)末からギルバート諸島、マーシャル諸島、マリアナ諸島、さらには硫黄島、沖縄へと進んだが、日本本土進攻ではマッカーサーを支援する側に回っている。

本来、日本本土進攻はニミッツの担当のはずだったが、四~五百万規模になると予想された作戦には、海軍のニミッツよりも陸軍のマッカーサーの方が適任と考えられたのであろう。実際には上陸作戦の実

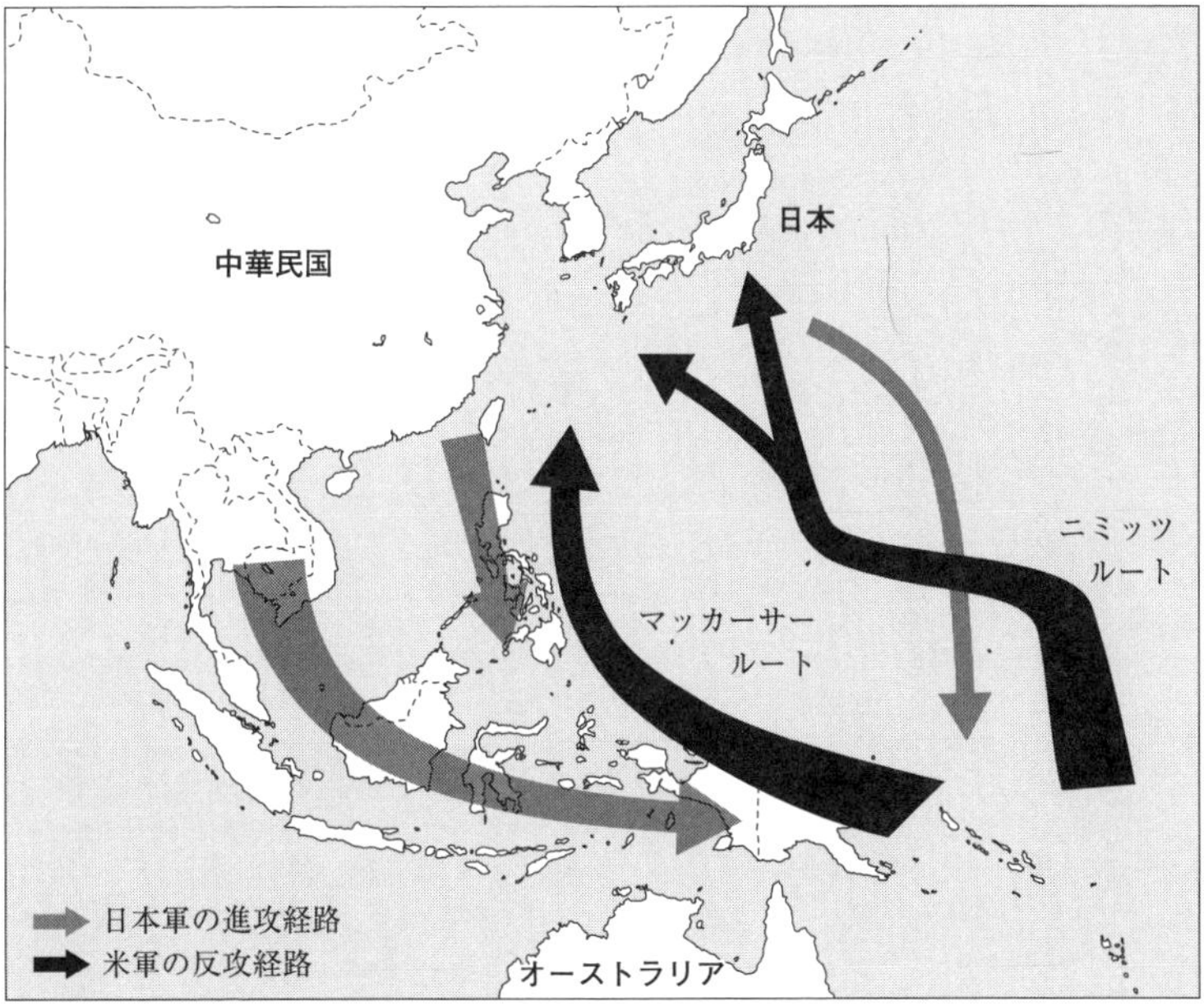

図1　米軍による二つの進攻ルート

施前に日本が降伏し、マッカーサーが作戦を指揮することはなかったが、しかし日本占領の最高司令官に任命された。本土ほどの大きな島になると、海軍では内陸部に手が届かないから、陸軍に任すよりほかなかった。

このようにみると、日本と戦った諸軍のうち、日本本土に進攻し占領できるのは、マッカーサーの軍だけだったことがわかる。だが上陸作戦の前に日本が降伏し、その主因がニミッツの海軍が攻略したマリアナ諸島から飛び立ったＢ29爆撃機による焦土作戦であり、次いで彼の艦隊が硫黄島を落としたために、ニミッツが日本打倒の中心であったとする解釈が有力になってしまった。そこには原爆の登場、聖断によるポツダム宣言受諾といった予想しがたい要素が大きく関係しており、ニミッツの日本打倒論はこうした偶然的要素の上に成り立っている。

これに比べると、マッカーサーの本土進攻は、多少時間がかかったろうが、偶然的要素に左右されることなく、すでに動き出していた南九州上陸を目指すオリンピック作戦と湘南海岸上陸を企図するコロネット作戦が確実に実行され、必ず本土の隅々まで占領したであろうことはまちがいなかった。

マッカーサーとニミッツのどちらがアメリカの勝利に貢献したか論ずることは、水掛け論に発展するだけで、時間の浪費にしかならない。肝心なのは、二人の貢献はきわめて大きく、歴史の中に書き残すにふさわしいということである。

しかし戦後に刊行されたおびただしい量の太平洋戦争物の中で、ニミッツ麾下の軍すなわち空母機動部隊や海兵隊と日本軍との激戦について頻繁に触れられているが、マッカーサー麾下の陸軍や航空隊と日本軍との戦闘を取り扱っているものは驚くほど少ない。とくに米豪軍と日本軍の主戦場となったニューギニアの戦いについては、日本でもアメリカでもきわめて関心が薄く、オーストラリアだけが非常に高いのが現状である。

日本人に刷り込まれた太平洋戦争史

三年八ヵ月の太平洋戦争中、マッカーサーは二年三ヵ月間ニューギニア戦にかかりきりであった。つまりマッカーサーの太平洋戦争は、ニューギニア戦が四分の三を占める比率になる。そのニューギニア戦に対する関心が薄く、評価が低いということは、取りも直さずマッカーサーの戦いに対する関心も評価も低いことを意味しよう。

マッカーサーの日本占領政策には強い関心がもたれているものの、彼の戦いに対する関心も評価も低いのはなぜか、ニューギニア戦について関係国間で大きな温度差があるのはなぜなのか、日米ともに共通の原因があるのか、こうした疑問が本書を執筆する出発点になった。

それは取りも直さず太平洋戦争史に取り組むに当たって、どうしても解決しなければならない問題を含んでいる。換言すると、太平洋の各地で展開された日本と米（豪）の戦いという事実があっても、これが歴史として文字化され伝承化されるのは、戦いが終わって早くて数年後か十数年後のことである。そのためどうしても、歴史が編まれる時点の諸情勢の影響を受け、歴史上の事実に対する取扱いにも微妙な作用をもたらす。つまり戦後の動向が、過去のものとなった戦争史の記述を左右するのである。

戦後、敗戦国になった日本には独自の戦争史を編纂する自由がなく、GHQを通してアメリカが作った戦争史を受け入れざるをえない立場にあり、日米間に共通点が生じる原因もこれにあったのであろう。つまりGHQ（アメリカ）から戦争史を押しつけられたために、ニミッツの戦いが過大に描かれ、マッカーサーの戦いが過小に扱われ、ニューギニア戦が欠けてしまったという可能性が大きい。

この解釈はとんでもない矛盾を抱えている。GHQ最高司令官はマッカーサー本人であり、GHQの主要ポストには彼に強い忠誠心を有する部下がついていた。それだけに、ニミッツ麾下の米海軍の活躍を大きく取り上げ、マッカーサーの戦いやニューギニア戦が小さく扱われる歴史を日本人に押しつけるのは甚だしい矛盾である。GHQがこうした歴史を認めるはずがないし、日本人にも強制しないと考えるのが自然だからである。

だがこの矛盾が現実にあったのである。マッカーサーや彼の部下にとって、自分たちの戦績を否定するような甚だ面白くない戦争史を日本人に教育することは容認できるわけがない。マッカーサーが連合国軍最高司令官をつとめるGHQで、なぜ自分たちの戦いを否定する戦争史をおかしいと思わなかったのか、何故これを日本人に教育する命令を認めたのか、なぜ対策をとらなかったのか、この不可解な疑問を解明するのも本書を執筆する目的の一つである。

近年日本では、「東京裁判史観」なる妙な歴史批判が流行している。その根源はGHQが進めた太平洋戦争史教育にあるが、おかしなことに主体となっている太平洋戦争の部分については、何らの疑問を抱くこともなく受け入れている。そのため日本でもマッカーサーにとって長く辛かった戦場であるニューギニアに対する関心が低く、ニミッツの戦いに高い関心を示し、ニミッツの戦場を主体に太平洋戦争を構成することにまったく疑問をもってこなかった。

2　消されたマッカーサーの島嶼戦

マッカーサーの人となり―世論の反発―

ところで太平洋戦争史についてアメリカ国内の事情を探っていくと、マッカーサーの人気が低いために、ニューギニア戦への関心も低くなったのではないかと思えてくるが、マッカーサーはアメリカの誇るべき英雄の一人だから、人気が低いという言い方は適切ではないだろう。プライドが高すぎ、絶えず米政府、米陸軍と対立したため、距離をおいて見られているといった方がいいかもしれない。マッカーサーの類まれな能力を認めつつも、自信過剰、高慢ちきな性格、親しめない挙措、ワシントンとぶつかり続けた経歴等が、多くのアメリカ人の反発を買った。マッカーサーの戦績を認めても、しかし日本軍を追いつめていく英雄気取りの作戦の指揮ぶりなど見たくないというのが、アメリカ国民一般の感情ではなかったろうか。

こうした事情が背景となって、マッカーサーの作戦すなわちニューギニアやルソンの戦いの評価が不当に低く、無視同然の扱いになったとみられる。彼の指揮した連合国軍である南西太平洋方面軍（SWPA）は、実質的にはアメリカの陸軍・海軍・陸軍航空隊とオーストラリアの陸海空軍から構成された混合軍で、マッカーサーが陸軍軍人であったことから、陸軍部隊が主体であったと即断しがちだが、海軍部隊も航空部隊もその隷下に属し、陸海空の有機的作戦を展開するユニークな集団で、そこに焦点が集まることはなかった。

予想外の陸軍主体の戦争

太平洋をめぐる日米戦が海軍の戦いになるとの戦前の予想がはずれ、陸軍も重要な役割を果たすことになった。というのは南西太平洋から日本まで無数の島々が連なり、この島々を南に辿れば、日本海軍が重要な戦略目標としたオーストラリアに接近できるし、逆に北に辿れば、連合国軍が日本本土に迫ることが可能となることから、双方とも、この島嶼部における戦闘すなわち島嶼戦に陸軍部隊を送り込んだため、戦前には予想されなかった両陸軍の戦闘が交わされ、日本軍が最もいやがる消耗戦に発展したのである。

一つの島を取り、次にそこから飛行機の航続距離圏内にある島を取るという方法で前進を重ねれば、

図2　マッカーサー

艦隊による前進ほど早くはないかもしれないが、陸軍でも太平洋を進攻できた。これを可能にさせたのは航空機、わけても中型・大型爆撃機の発達と大量投入であった。島嶼戦が実質的に航空戦であった所以である。

航空戦の主力は、地上の飛行場から離発着する基地航空隊で、マッカーサーのもとで活躍したのは陸軍航空隊であった。航空隊は島を制圧するだけでなく、周囲の海域をも制圧して制空権と制海権を獲得することができた。とはいえ島嶼部以外は海面という条件下では、艦艇がどうしても必要であり、ある程度の海軍部隊が共同作戦した。こんなとき、日本軍では統帥権が障碍になり、陸海空を一体化できなかったが、米軍の場合、大統領命令一つで海軍や航空隊をマッカーサーの指揮下に置くことができた。

他方で、昭和十八年（一九四三）末以降、米海軍が作り上げた空母中心の大機動部隊が目標の島の近くに突然現れるようになった。現れるや、周囲の制空権および制海権を一気に手中に収め、もの凄い空襲と艦砲射撃を島に浴びせ、上陸作戦によって島を奪取しては中部太平洋を北上しはじめた。これがニミッツの作戦である。エニウェトク環礁のような艦艇の集結地・停泊地の獲得、サイパン、テニアン島のようなB29用飛行場の獲得を目指す上陸作戦のように明白な目的をもつ事例もあるが、空母が航空部隊をどこにでも運んでくれるから、島を取らなくては前進できないわけではなかった。適当な停泊地と補給が保障さえできれば、島をパスしても前進可能であった。これも島嶼戦と呼ぶのはいかがなものか。

島嶼戦を検証するということ

島嶼戦がマッカーサーの戦いであったとすれば、彼の不人気と相まって、島嶼戦への関心も高まらなかったのも自然の流れかもしれない。コレヒドールを脱出したマッカーサーが、二年後、突然幕僚等を引き連れてフィリピン・レイテ島の海浜に上陸する一般に流布している太平洋戦争史の構成は、ニューギニアにおける島嶼戦を切り捨てたことから生じた現象だが、このためマッカーサーの島嶼戦ばかりでなく、日本側の島嶼戦にも検証のメスが入る機会を逃す結果になってしまった。

島嶼戦においては、陸海空の三戦力が有機的に結合し機能しなければ戦い抜くことはできなかった。ところが統帥権体制下にあった日本の陸海軍は、簡単なことすら一元化できなかった。天皇からの縦の命令に絶対的に服従するのが統帥権の特徴で、この体制下の組織は横の連携がほとんどできなかった。陸軍部隊は大本営陸軍部の、海軍は大本営海軍部の命令がなければ作戦できず、陸海軍間の横の連携が非常に難しかった。島嶼戦は、日本軍いや明治維新以来築いてきた日本の国家体制の矛盾を集中的に暴露し、国家体制そのものが敗因であったことを証明した。それだけに島嶼戦を検証することは、近代日本が抱える矛盾を明らかにすることでもある。

ニミッツ隷下の空母機動部隊による島をめぐる戦いと、マッカーサーの島嶼戦が区別すらされなかったことは、島嶼戦への関心の低さに由来するものであろう。日米艦隊間の海戦から島嶼戦への変移が、マッカーサーがフィリピンからオーストラリアに脱出した偶然によるものか、あるいは必然的なものであったのか、こうした根本的な問題すらまだ議論されていない。

また島嶼戦の端緒が日本海軍のオーストラリア進攻構想にあったものの、日本海軍の作戦構想について、連合艦隊司令長官山本五十六《やまもといそろく》の作戦方針に話題が集中しすぎたきらいがある。日本海軍の作戦計画は、まず軍令部第一部が立案し、決裁を受けた計画を連合艦隊司令部に下ろして実施するのが本来のあり方であり、山本が大物司令長官とはいえ、作戦関係については軍令部第一部を中心に見ていくのが正当な姿勢である。

戦後に創られた戦争史の呪縛

戦後、太平洋戦争史が編纂されるに際して、戦後のアメリカの政治や陸海軍内の動向が、記述方針、記述項目、評価にさまざまな形で影響を及ぼし、マッカーサーの戦いがことさらに小さく扱われ、島嶼戦への言及が少なく、中部太平洋からの大空母機動部隊の活躍によって日本が屈したかのような構造が出来上がった。それにともないアメリカの大空母機動部隊と何度か渡り合った相手として日本海軍の存在がクローズアップされ、島嶼戦は日本陸軍がやったもので、海軍は関係ないような扱いを受けるにいたった。そして日米海軍の死闘に焦点が絞られ、島嶼戦は南西太平洋の片隅で、日米陸軍がこそこそ戦ったかのようなイメージに仕立てられた。

戦後、軍国主義体制の形成と開戦原因がすべて日本陸軍にあるとして、厳しく弾劾してきたアメリカの対日政策のもとで、日本陸軍の戦いを故意に陰湿に描く傾向があり、陸軍の戦った島嶼戦から目をそらす風潮がなかったとはいえない。この傾向は本家筋に当たるアメリカでも顕著で、日本陸軍と戦ったマッカーサーや隷下部隊の戦功が不当に小さく扱われてきた。

マッカーサーの戦い、あるいは島嶼戦の重要性を論じても、一度刷り込まれたイメージを塗り替えるのは容易ではない。だが日本の降伏があと数ヵ月遅れれば、まちがいなくマッカーサー指揮のもと、彼の軍によって本土上陸作戦が実行されたことは疑いない。これまでの太平洋戦争に対する一般的見方、すなわち米海軍の空母機動部隊による反攻作戦に焦点を合わせて、マッカーサーの島嶼戦を過小視する見方を取るかぎり、マッカーサーが本土上陸作戦を指揮することを説明できないし、彼が連合国軍最高司令官に任じられ、彼の軍である第六軍と第八軍が日本を折半して占領することも説明しにくい。つまり海軍中心の太平洋戦争史観に立つと、それと本土上陸作戦計画および本土占領とが、まったく接合しないのである。

米空母機動部隊による中部太平洋から硫黄島、沖縄への来襲ばかりを米軍の反攻戦と理解するかぎり、こうした矛盾に直面し、マッカーサーの登場を説明できない。マッカーサーがニューギニアからフィリピンへと進んだ島嶼戦にしかるべき位置と評価を与えないと、こうした矛盾から解放されることはない。唐突のように見えるマッカーサーの登場についてしかるべき解釈を与え、納得できる説明ができなければ、戦後日本の進路を語ることも容易ではない。

太平洋戦争の実像を明らかにする

本書の目的は、戦後、中部太平洋の反攻戦を主軸にした太平洋戦争史に対して、島嶼戦を戦ったマッカーサーの部下たちがどのように対応したかに触れ、その後の日本における太平洋戦争史編纂の動きを概観することにある。

歴史の一部になる事象は、事象が終息したあとで歴史として書かれる。太平洋戦争も、戦争中ではなく戦争が終わったあと、つまり戦後に歴史として編纂される。戦中の秘密扱いの方針や計画、目に見えなかった遠方の動き、相手の事情等は、ある程度の時間をおかないと見えてこないことが多く、戦闘ごとに即座に描き出すことは不可能である。そのため、ある程度の時間が経過した後に編纂されるが、そのときの内外情勢、もっと具体的にいえば組織の力関係、組織の中枢の政治的利害、あるいは世論の動向や社会の風潮等から、編纂の内容、構成、重点と無関係ではいられない。

太平洋戦争に関していえば、勝利の立役者になったアメリカ、いや戦後のワシントンの政治情勢から、戦争史の編纂や出版が大きな影響を受けざるをえなかった。敗戦直後の日本には、太平洋戦争史の構成に自説を主張できる機会が与えられなかったが、講和条約が調印され晴れて独立を取り戻したあと、日本が考える戦争史を組み立てても、すでに出来上がった戦争史の骨格を修正することは困難であった。歴史は実際のままを投影するのが理想だが、編纂時の諸力のバランスシートや諸情勢によって変形を受けるのが普通であり、真実を描くことがいかに難しいかを改めて考えさせられる。

図Ⅰ　P 38を量産するロッキード工場

Ⅰ　想定されなかった「島嶼戦」

表Ⅰ　太平洋戦争関連年表

昭和16年	12月	日本海軍機動部隊真珠湾攻撃。日本軍，グアム島上陸，マレー沖海戦
昭和17年	1月	日本軍マニラ占領。Mac コレヒドール脱出，SWPA 総司令官となる。日本軍ラバウル占領
	2～4月	海軍部隊ニューギニア方面進出
	5月	珊瑚海々戦，コレヒドール陥落
	6月	ミッドウェー海戦で日本海軍大敗，島嶼部飛行場設置の SN 作戦発令。(M)ニューギニア・ポートモレスビー攻略作戦開始
	8月	米海兵隊ガ島上陸，第一次ソロモン海戦，第二次同海戦
	9月	(M)ポートモレスビー作戦後退，ガ島の川口支隊作戦失敗
	12月	(M)バサブア守備隊全滅，ガ島撤退決定
昭和18年	3月	(M)ダンピール海峡で第81号船団全滅
	4月	(M)「い」号作戦で山本連合艦隊司令長官戦死，後任に古賀峯一
	9月	(M)第51師団サラワケット越え開始，豪軍フィンシュハーフェン進攻
	11月	(M)米軍ブーゲンビル島進攻，(N)米軍マキン・タラワ上陸
昭和19年	2月	(M)米軍グリーン島上陸，(N)米軍，クェゼリン上陸，米機動部隊トラック大空襲，(M)海軍ラバウル航空隊トラックから移転
	4月	(M)米豪軍ホーランディア・アイタペ上陸
	6月	(N)米軍サイパン島上陸，マリアナ沖海戦，日本機動部隊壊滅
	7月	(M)米軍サンサポール上陸，(N)米軍グアム・テニアン両島上陸
	9月	(M)米軍モロタイ島上陸，(N)米軍ペリリュー島上陸
	10月	(N)台湾沖航空戦，比島沖海戦，(M)米軍比レイテ島上陸
昭和20年	1月	(M)米軍比ルソン島リンガエン湾上陸
	2月	(N)米軍硫黄島上陸，(M)米軍比コレヒドール島奪還
	4月	(N)米軍沖縄上陸，(M)南西太平洋方面軍総司令部を太平洋陸軍総司令部に改組
	5月	(M)南九州上陸のオリンピック作戦の準備着手
	8月	広島・長崎に原爆投下，日本ポツダム宣言受諾。(M)Mac が GHQ 最高司令官に
	9月	「ミズーリ」号上で降伏文書調印式

Mac はマッカーサーの略，SWPA は連合国軍南西太平洋方面軍の略。(M)はマッカーサールート上の事項，(N)はニミッツルート上の関連事項。

一　島嶼戦とは何か

山本五十六の革命的発想

太平洋戦争開戦以前、日米間の戦争が、戦艦や重巡洋艦等を中心に編成された艦隊間の戦闘で決着すると考えたのは、日米海軍とも同じであった。艦隊決戦論は日本海軍の専有思想ではなく、世界中の海軍に共通するものであった。連合艦隊司令長官山本五十六が空母機動部隊のみによる真珠湾攻撃計画を実施し、成功を収める衝撃的戦例がなければ、太平洋戦争開戦後も、艦隊間の戦闘によって決着するという考えが強く維持され、終戦近くまでそのままであったかもしれない。これを完全に過去のものとした山本の発想は、まさに革命的であった。

しかし群を抜く生産力を有するアメリカも、先制攻撃に成功し押しまくってくる日本海軍との戦いを続けながら、空母機動部隊を編成し、艦載機の攻撃力で制海権と制空権を奪取し反攻に転ずるには、少なくとも二年から二年半の期間は必要であった。この間を凌ぎながら、山本の発想を実行できる艦隊を造り上げなければならなかった。

図3　山本五十六

艦隊決戦論と漸減作戦論

それでは日本側には、対米戦に対する確たる作戦構想があったのであろうか。一般に知られているのは艦隊決戦論と漸減作戦論だが、これは、米艦隊が米本土を出港し、日本本土東南の決戦海域に到達するまでに、味方の潜水艦や太平洋に散在する環礁に根拠地を置く水上艦艇、航空機が攻撃を加えて米艦隊の戦力を漸減し、決戦海域に着くまでに日本の艦隊と同程度の戦力に弱体化したところで決戦し、勝利を収めるという思想である。広大な太平洋を舞台とする戦いにしては、選択肢が少なすぎるが、これ以外に思いつくことができなかった。

米海軍も日本海軍の作戦計画をほぼ正しく予想し、日本の作戦を「戦略的守勢」と性格づけている。米軍の戦略計画には、一九二〇年代および三〇年代前半のオレンジ計画、三〇年代後半のレインボー計画の二つがあったが、いずれも大艦隊を渡洋させ、日本艦隊を圧倒する考えで、日本海軍もほぼ正しく米艦隊の作戦計画を予想していた。しかし日米の作戦構想の期間は、米本土出港から決戦海域までのせいぜい半年、長く見積もっても一年にもならない短期決戦にしかならない。

もし日米戦が一年程度で終了する短期戦にならなかった場合、どう戦おうとしていたのか。広大な太平洋を挟んで向かい合う日米の戦いは、山本五十六が近衛《このえ》文麿《ふみまろ》に向かって半年や一年ぐらいは暴れてみせると述べた話はあまりに有名だが、短期で終われば日本にも勝機があるが、そうはなるまいという言外の現実的認識が滲んでいる。

日米戦は海軍主体の戦争か

日米戦が海軍を主体に行われることについて、日本の陸海軍は共通の認識をもっていた。太平洋において、陸軍が活動できるのは陸地部分すなわち島嶼部に限られる。といっても太平洋方面は陸軍の戦場ではなく、仮に島嶼部で戦うことになったにしても、それは限定的範囲の作戦に止まるはずであった。とすれば、海軍が作戦構想に島嶼部の存在をどのように位置づけるか、島嶼部を生かす作戦はどのようなものになるか、陸軍の応援を受けた場合、どのような役割分担と協力態勢を取り決めたらよいか、といった課題があったはずである。

どうも日本海軍の動きから、艦隊決戦以外について、島嶼部について深く掘り下げた跡が見えてこない。当時の各国の海軍の状況に照らしてみても、艦隊決戦を志向するのが一般的な趨勢だが、太平洋という世界で最も広大である戦場では、艦隊決戦以外にも選択肢がありうるとの想定が必要であり、その場合の選択肢の幅と内容が問題なのである。

日本海軍には陸戦隊があり、米軍にも海兵隊があり、二つを比較すると、両国の意識の差を知る手がかりが見つかるかもしれない。陸戦隊あるいは海兵隊は、歴史的には在外公館の警備や自国民の保護が主な任務であったが、大正期以降になるとそれぞれ異なる方向へと進んだ。日本海軍の陸戦隊は、日中戦争期における必要性の高まりに押され、臨時編成部隊から常設部隊に変わり、「特設鎮守府特別陸戦隊」と呼ばれるにいたった。将来の太平洋における作戦の可能性を視野に入れることなく、日中戦争の延長上に陸戦隊の増設が進められた点に特徴があり、そのため占領地の治安維持が重要な任務の一つになった。むろん、上陸作戦も重要な任務と考えられていたが、上陸は深夜ひそかに行う奇襲作戦と決めつけ、太平洋方面で起こりうる大規模な上陸作戦を想定していなかった。

一方、米海兵隊は、第一次世界大戦中における日本の南洋諸島への進出によって生じたフィリピンやグアムに対する脅威をきっかけに、廃止か存続かの危機を脱して増強のチャンスをつかみ、新しい役割への模索が始まった。大正十年（一九二一）に海兵隊少佐R・H・エリスが、日本本土進攻計画をテーマにした「ミクロネシア前進基地作戦行動」（Advanced Base Operations in Micronesia）を発表し、十三年（一九二四）に米陸海軍合同会議で同論文の主張が採択された。一九三〇年代になると、島嶼における敵前強行上陸を主体とする研究が開始され、海兵隊独自の航空隊編成や特殊車両の開発も進んだ。昭和十二年（一九三七）の日中戦争の勃発により日本の軍事的脅威が増し、十四年（一九三九）にヨーロッパで第二次欧州（のち世界）大戦が勃発し、アメリカがヨーロッパ戦線への関わりを深めると、太平洋方面では海軍が日本の脅威に対抗するほかないと考えられ、海軍の後押しで海兵隊増強が始まり、大きな役割を担うことが期待された。

米軍反攻を端緒とする島嶼戦の死闘

一般的に島嶼戦は島をめぐる争奪戦と理解されている程度で、明快な定義はないが、エリスの論文にしても海軍が担う戦いという前提に立っている。だが島嶼戦について日米ともにまったく予想外だったのは、海軍の戦いと思い込んでいたものが、実は陸軍の戦いであったことである。ニューギニアおよび周辺のソロモン諸島が島嶼戦の中心であったが、ここで激戦を交えたのは日本陸軍と連合国軍南西太平洋方面軍に属する米豪陸軍であった。むろん海軍艦艇も参加したが、やはり主役は陸軍部隊であり、海軍は脇役的存在でしかなかった。なぜ主役になったのか、しかも戦前にはほとんど研究された形跡がない日米陸軍が、どのように活路を見出したのか、わからないことだらけである。

太平洋戦争についていえば、開戦当初、日本軍が一方的に押しまくり、島をめぐる争奪戦はほとんどなかった。島が争奪戦場になるのは、米軍中心の連合軍による反攻が開始され、島を死守する日本軍と、奪取を目指す連合軍との間で激しい島嶼戦が展開されたころからだ。島嶼戦は、昭和十七年（一九四二）七月、陸軍南海支隊の東部ニューギニアの豪側拠点であるポートモレスビーへの攻略作戦に対して米豪軍が反撃し、同時期に米海兵隊がガダルカナル島に上陸した時点から本格化した。

残念ながら島嶼戦では、日本軍の受け身一辺倒と連合軍の一方的攻勢とが目立ち、日本軍の対応次第で島嶼戦のあり方が変わるというものではなかった。前述のように連合軍の反攻には二つの反攻線があったが、それに伴って二種の島をめぐる戦いが生起した。一つは、マッカーサーが米豪軍からなる南西太平洋方面軍を率い、ニューギニアからフィリピンを目指した反攻線であり、もう一つはニミッツが米海軍および海兵隊、若干の米陸軍からなる太平洋方面軍を率い、ギルバート、マーシャル、マリアナを通過して日本本土を目指した反攻線である。

筆者は、一つの島をとらなければ次の島に進めないマッカーサーの戦いこそ島嶼戦であり、ニミッツのやり方は、取りたい島の周囲に大機動部隊を出現させ、強引に島を奪取してしまうもので、ステップ用の島に頼らずに目的の島を奪取する手法は島嶼戦とは言いがたく、「空母進攻戦」と呼ぶべきものと考えている。

二　米軍と日本軍の島嶼戦

1　マッカーサーの島嶼戦

マッカーサーの新戦術

マッカーサーの南西太平洋方面軍は、豪軍主体の陸軍部隊、米軍主体の航空部隊、米軍主体の海軍部隊の連合混成軍であった。マッカーサーは、ワシントンが陸軍も兵器もヨーロッパ戦線ばかりに送り、自分の方にはいくらも寄こさないと不満ばかり漏らしているが（『マッカーサー大戦回顧録』上巻）、すべてが不十分と考えたがゆえに島嶼戦に合った陸海空戦力を一元化する編成を実現し、新しい戦術を創造することができた。

マッカーサーの島嶼戦の特徴は、航空機の著しい進歩を前提にしたもので、航空機の力で島を奪取し、その島を離発着する航空部隊が海軍の力を借りずに制空権および制海権をも確立し、再び航空戦によってこの島から次の島へと進み、これを繰り返して最終目的地へと進攻することを目指したものである。

一九三〇年代に航空技術は著しい発展を遂げ、高速化、大型化とともに飛行距離が著しく伸張し、そのうえ、爆弾搭載量が増大し、防禦力を高めた爆撃機が登場し、戦闘機の護衛なしで敵機の待ち伏せを突破して作戦目的を達することができると豪語する航空関係者も現れた。マッカーサーの作戦は、こうした航空機の登場を前提にして構想されたものといってよい。彼は工兵科出身で航空機の運用については素人のように思えるが、さすがにアメリカの指揮官は、高度なメカニズムを有する兵器の運用について、機械慣れしていない日本の軍人よりずっと優れていた。

陸上の飛行場を拠点とする基地航空隊の戦力を最大限に活用することが島嶼戦のキーポイントであったが、マッカーサーの軍は驚くほど巧妙であった。たとえば上陸作戦にしても、飛行場建設を目的とするものがあり、上陸地点に飛行場を短時間で建設し、航空機の離発着が可能になり作戦に参加できるようになると、初めて大部隊が上陸し前進を開始する例があった。自分に十分な海軍戦力が与えられていないと考えたマッカーサーは、徹底した航空戦重視策をとった。

日本兵の苦い体験

マッカーサーの隷下に入ったのは米陸軍航空隊第五空軍だが、大型爆撃機B17や中型爆撃機B25を擁し、爆撃機が攻撃兵器であることもあり、ニューギニア方面では当初から日本軍に攻勢をかけた。大型爆撃機B24、戦闘爆撃機P47も登場すると、日本機とは比較にならない量の爆弾を搭載し、また高速戦闘機P38は日本機の邀撃を排除し、攻勢を強めるようになった。

元日本軍パイロットの敵機撃墜の回想や回顧録が多いが、地上で戦った元日本兵の述懐には日本機を見たという話はほとんどなく、いつも頭上に飛来するのは米軍機ばかりであったというものが圧倒的に多い。どちらが実情を反映しているかといえば、地上を逃げまどった日本兵の体験の方で、それほど米陸軍航空隊の攻撃は猛烈で、他方、日本機は絶対数が少なく、そのため攻勢は微弱であったということである。

富岡定俊のオーストラリア進攻論

日米の戦いでは、こうした航空戦主体の島嶼戦がありうることを、日本人の中でも予感していた人物がいなかったわけではない。軍令部第一部第一課長（作戦課長）であった富岡定俊《とみおかさだとし》がその人で、彼は米軍がオーストラリアを航空戦力の根拠地にして北上してくると想定した。オーストラリアからは日本まで続く島嶼群が利用可能で、そのため島嶼戦が不可避になると予想し、阻止のためオーストラリア進攻論を主張した。

この予想が富岡の独創であったのか、海軍内に似た考えをもつ者がいて、議論を戦わす過程でまとまったものかわからない。海軍士官の大多数が艦隊決戦論に凝り固まっていた中で、これを否定し、島嶼戦を予想する者が作戦課長という重要ポストを占めることができたのは何故か。作戦課長とはいえ、富岡一人が頑張れば軍令部の作戦方針を変えられるほど単純なものではない。とはいえ、日米戦が島嶼戦になるという富岡の推測を支持する者が軍令部内にも相当数おり、彼らが富岡構想の支持者として、島嶼戦に対する諸準備を後押ししたことはまちがいないであろう。

井上成美の警告

富岡の考えと必ずしも一致していないが、開戦前、航空本部長をしていた井上成美《いのうえしげよし》こそ艦隊決戦を否定し、日米戦が島嶼戦になるのではないかと予想した最右翼である。昭和十六年（一九四一）一月三十日、井上が海軍大臣及川古志郎《おいかわこしろう》宛に提出した「新軍備計画論」が彼の思想をよく明らかにしている。その意義は、日米戦が行われる場合に、アメリカ軍が取るべき行動を科学的、合理的に予想し、島嶼戦の形態になる可能性が大きいことを論証している点にある。(1)

「新軍備計画論」の特徴は、「殊ニ航空機、潜水艦ノ異常ノ発達ハ、戦争ノ方式ニ大ナル変革ヲ来シツツアリ」との認識を基に、「潜水艦及航空機ノ発達ハ海防上ノ大変革ヲ来シ、旧時代ノ海戦ノ思想ノミヲ以テハ、何事モ之ヲ律スルヲ得ザルコトニ注意ノ要アリ」と、旧来の戦艦中心の艦隊決戦主義に固まっている海軍の指導者たちに警告を発する内容になっていることである。科学技術の発展が戦略、戦術を変えるというのは近代合理主義に基づく解釈だが、技術集団を自任する海軍が艦隊決戦主義から脱却できなかったことは、合理主義思想が未消化であったことを物語っていよう。

海軍に限らず、戦前の日本では合理主義と非合理主義が複雑に絡み合うことが珍しくなかったが、極端に非合理な精神主義が合理主義と同居している例が少なくなかった。合理主義あるいは科学主義を貫くことができなかったのが、近代日本および軍人たちの限界であったが、科学の粋を集めた兵器を導入しても、その運用や、これを使う組織制度まで合理化をしなければならないとは考えなかった点によく表れている。航空機を第一線に配備しても、命令の伝達法、戦略や戦術の見直し、組織制度等の変更については先送りするのが、海軍に限らず日本の伝統的手法であった。

艦隊決戦を否定する現実認識

井上は、「潜水艦及航空機ノ発達ハ海防上ノ大革命ヲ来シ、旧時代ノ海戦ノ思想ノミヲ以テハ、何事モ之ヲ律スルヲ得ザルコトニ注意ノ要アリ」と注意喚起し、日米戦になった場合、艦隊決戦は「米艦隊長官ガ非常ニ無知無謀ナラザル限リ、生起ノ公算ナシ」と一蹴し、アメリカは西太平洋の米領土を基地として、潜水艦と航空機を使って日本の海上交通破壊戦を行ってくると予想する。これに対抗するためには、「帝国領土ニ近キモノヨリ順次ニ足場ヲ固メッツ、歩歩前進的ニ実施セラルベキ」方法によって、西太平洋にある米領土全部を攻略しなければならない。そして、

日米相互ニ争フ此ノ領土攻略戦ハ、日米戦争ノ主作戦ニシテ、此ノ成敗ハ帝国国運ノ分岐スル所ナリト言フモ過言ニ非ズ

と断言する。(2)

井上の所論は、制海権を獲得および保持する手段が、戦艦・重巡を主力とする水上艦隊から、急速に発達した潜水艦と航空機にとって代わられつつある現実と、制空権が制海権をも支配する新現象に対する解釈に基づいていた。とくに基地用飛行機の発達を取り上げ、

制空権ナル思想ハ旧来ノ艦隊決戦万能ノ時代ニ於テハ、局部的ニ決戦場タル海面ニ限定シ、制空ヲ制海ノ前提ト考ヘズ、単ニ決戦場ニ於ケル吾ガ航空機ノ自由活動ニヨル艦隊決戦ヘノ寄与、即チ有利ナル状況ニ於ケル艦隊決戦ノ前提トシテ考ヘラレタルノミ……近時、基地用飛行機ノ発達ニ依リ、海上ニ活動スル航空機ノ主体ハ陸上飛行機及飛行艇トナリシ今日ハ、制空ハ制海ノ前提ナクシテ、即チ水上艦艇ナクトモ、単独ニ航空兵力ノミニヨリ之ヲ求メ得ベク、寧ロ此種、水上艦艇ニ独立シ、

関係ナク活動スル航空兵力ニ依ル制空権ノ確保ガ、却ツテ制海権ノ前提条件トシテ考フルノ要アルニ至レリ。(3)

と、水上艦艇の力を借りずに、基地航空機だけで制海権の確保が可能になったとする。

こうした論旨に立つと、日米戦争では艦隊決戦が起きる可能性は小さく、基地航空機用の飛行場適地をめぐる戦いが主体になってくる。つまり飛行場適地とは西太平洋の島々だから、島々の争奪戦つまり島嶼戦が日米戦の主要戦闘になってくるとする解釈が成立するわけである。

富岡や井上の考えとマッカーサーが行った作戦とは、基地航空隊を戦力の中心に置くなど多くの点で共通している。だが富岡と井上は海軍軍人であり、海洋の中における島嶼戦について関心をもつのは驚くに値しない。むしろ他の海軍軍人の怠慢を非難すべきなのかもしれない。それよりも日本の陸軍軍人には、島嶼戦について関心を寄せ、多少なりとも調査研究した例がほとんど見当たらないことを考えると、陸軍軍人であったマッカーサーが島嶼戦の構想を早くから持っていたらしいことは驚異である。四囲を海に囲まれ、台湾や北千島まで日本領でありながら、陸軍軍人が満洲・中国大陸のことばかりに熱中し、海上戦や島嶼戦にまったく注意を払わなかったことこそ異常であり、海をもつ国家の陸軍軍人であれば、マッカーサーのように海洋に関心をもつことは当然の責務であったはずだ。

激化する基地航空戦

日本の基地航空隊が海軍機によって構成されていたことは、基地航空戦が激化し、消耗が激しくなった際に、なけなしの空母艦載機が基地航空隊の増援に振り向けられる原因になった。昭和十七年（一九四二）十月末の南太平洋海戦以降、何度となく繰り返された機動部隊の再建が、基地航空隊の中心であったラバウルの応援のために艦載機が投入される原因となり、十九年六月のマリアナ海戦にいたるまで、実りある機動部隊再建を難しくした。これに対して米軍の基地航空隊は陸軍航空隊によって編成され、海軍の機動部隊がこれを助けなければならない関係になく、日本のような現象は生じなかった。

マッカーサーがはじめに隷下に置いたのは、南西太平洋方面の基地に残った航空機をかき集め、ジョージ・C・ケニー陸軍中将のもとで編成された第五空軍であった。米陸軍機には日本にはない四発爆撃機が多く、日本機に比べて巨体で頑丈、爆弾搭載量もはるかに大きく、火力も強力であった。日本機に比べ航続距離が短いと言われた米軍機だが、さすがに爆撃機は十分な航続距離を有し、島嶼部に近づく日本の艦船を遥か手前で発見し阻止する能力をもっていた。

これに対する日本の基地航空隊は戦闘機が主体で、途中から陸軍機が加わったとはいえ、爆撃機はすべてにおいて小ぶりで華奢、爆弾搭載量も火力もずっと劣っていた。技術力・製造能力の格差がもたらした違いであった。日本の海軍航空隊にすれば、米海軍機のことばかりが頭にあるのが当然で、米陸軍航空隊と戦闘を交えるとは予想だにしなかったにちがいない。

またマッカーサーの隷下には、南西太平洋方面に残された海軍艦艇も組み入れられた。大きくても軽巡洋艦、大部分は駆逐艦や駆潜艇、魚雷艇であり、のちにキンケイドがこれらを第七艦隊に編成しなおすが、制空権さえ確保されていれば、小型艦艇主体でも島嶼戦において十分な戦力になりえた。

マッカーサーの陸海空三位一体戦

マッカーサーに言わせると、彼の要求どおりに与えられたものは何一つなく、すべてにおいて不十分で、手持ちの陸海空の三戦力を有機的に使うほかなかった。彼が自慢する三位一体戦は島嶼戦において非常な威力を発揮したが、それは島嶼戦の必然性から考え出されたというより、彼の言葉に従えば、不十分な戦力で戦わねばならない事情から案出されたように解釈される。全島をジャングルで被われた南西太平洋方面の島々では、海岸部のみが人間の活動可能地で、戦闘もほぼ海岸部に限られるため、航空部隊はむろんのこと、陸上部隊だけでなく艦載砲の射程が届く海上部隊も参加できた。理論上、陸海空の三戦力を一元化し攻撃力を集中できれば、強力な打撃を相手に与えることができる。マッカーサーの戦力は、彼が言うごとく兵力的には不十分だったとしても、三戦力を与えられたゆえに、これらを一体化して強力な戦力を生み出すことができたともいえよう。

主たる目的は飛行場奪取

マッカーサーの島嶼戦は、制空権と制海権を前方に延ばすため、基地航空隊用飛行場の取得を最重要の作戦目的とした点に特徴がある。ニューギニアのブナ戦、フィンシュハーフェン戦、アイタペ戦、サンサポール戦、ニューブリテン島のツルブ戦、モロタイ島戦等は、いずれも飛行場適地の獲得を最優先した上陸作戦であった。

モロタイ島ギゾー岬に建設したピトー飛行場は、四発のB24重爆撃機用の長い滑走路が二本、周囲には同機を一五〇機ほども収容する掩体壕を付設する広大なもので、隣接するワマ飛行場もP38戦闘機用の滑走路が一本と一三〇機分の掩体壕を備えた大きなもので、境界線のない両飛行場を一つと考えれば、

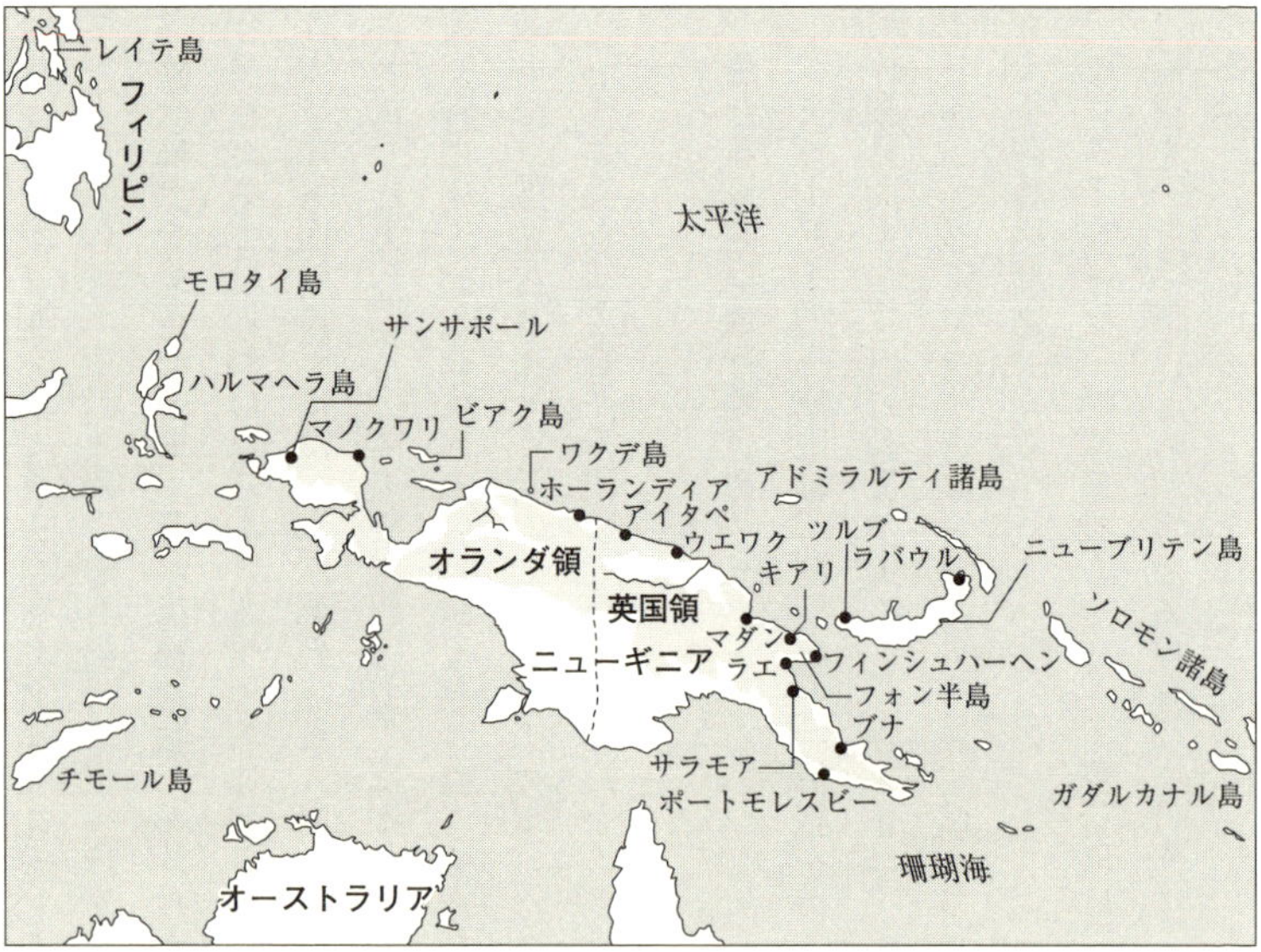

図4　ニューギニア・ソロモン方面図

太平洋戦争中に建設された飛行場としては最大規模に属す。飛行場の完成は、レイテ湾口の入口にあるスルアン島上陸が行われた十月十七日であったが、まもなくピトー飛行場を発進するB24の大編隊がフィリピンの日本軍に対して猛威を振るいはじめた。航空機による制空権・制海権をフィリピンにまで延伸し、第二次比島作戦の主導権掌握に大きく貢献した。

マッカーサーは、モロタイ島上陸作戦の目的を飛行場設置だけにおき、飛行場周辺を占領しただけで、それ以外にはまったく手をつけなかった。飛行場および周囲のみを確保し、島内の大部分を日本軍に委ねたわけだが、日本軍にすれば「なめきっている」としか思えなかったであろう。マッカーサーにすれば、航空隊を飛ばして制空権および制海権を確保すれば、おのずから地上戦の趨勢も決せられるので、無闇に地上戦を仕かけて犠牲者を出すのは馬鹿げていると考えていたらしい。

独創性に富んだマッカーサーの島嶼戦

ここに飛行場獲得に目的を絞り、飛行場のある島から飛行場を建設できる次の島へと進んでいくマッカーサーの島嶼戦の特徴がよく表れており、途中の日本軍を飛び越し、飛行場の適地のみを攻略していくため、犠牲が少ないのも特色の一つになった。これが飛び石作戦（Island Hopping）とか蛙跳び作戦（Leap Fogging）と呼ばれるものの本質であろう。

飛行場を前進させて島伝いに進攻する戦術といい、陸海空戦力の三位一体の運用法といい、その独創性には目を見張るものがある。戦いの過程で得られた戦訓や保有する兵器の長所や特徴、自由な発想や創造力を組み合わせた作戦である。軍学校や部隊で教育されたことを絶対的に正しいと信じた日本軍指導者には真似のできない芸当で、発想だの創造力だのは、日本の将校が最も苦手とするところであった。

マッカーサーがこの作戦を採用したのは、アメリカ本土から十分な兵力と戦力が与えられていないという不満に端を発し、南西太平洋方面軍がオーストラリア軍との連合軍で、陸軍部隊の主力を担った同軍に危険な任務を課し、同軍から多くの犠牲者を出すことは、協力体制を維持する観点から避ける必要がある外交的配慮も、一因になっていたと考えられる。陸海空戦力の統合的運用、米豪軍の連合作戦には、先進的部隊運用思想のほか、各部隊の事情に配慮した調整作業が必要であった。マッカーサーの動きが政治色濃厚になることを理解するには、こうした事情のあったことに目を向ける必要がある。

2　ニミッツの島嶼戦との比較

日照下のガ島上陸作戦

ガダルカナル島戦（以後、ガ島戦とす）は、本来南西太平洋方面軍の戦略担任区域であったが、マッカーサーがラバウル攻撃を主張し(4)、結局、統合幕僚長会議において米海軍と海兵隊が担当することになった。ガ島戦はニミッツ隷下軍の最初の島嶼戦で、日本軍の飛行場建設という事態を前に、守勢一方であった連合軍が満を持して行った攻勢作戦であった。

「サラトガ」等三隻の空母機動部隊や南西太平洋方面軍の基地航空隊が支援する上陸作戦は、新時代の上陸作戦の先駆けをなすものであった。それまで暗夜、密かに行うものと考えられていた上陸作戦が、艦砲射撃によるガ島の日本軍粉砕と艦載機の分厚い援護とによって日照下で行われた。開戦以来、日本軍だけでなく米軍も上陸作戦を暗夜に実施してきたことと対比すると、これも革新の一つであったといえる。

上陸支援のために停止状態でいるところを敵機に襲われることを、日米の艦船艇は極度に恐れた。昭和十八年（一九四三）九月二十二日、ニューギニア・フィンシュハーヘン北方アント岬に対する豪軍の上陸作戦に際して、豪軍は上陸地を間違えないために昼間の作戦を強く主張したが、上陸作戦時の日本機の空襲を恐れた米第七艦隊が、深夜の上陸作戦を譲らなかったため、結局、深夜に実行され、豪軍が懸念したとおり上陸地点を間違えた。新設されたばかりの第七艦隊には空母の配備がなく、日本機の襲

図5　米軍のガダルカナル島上陸作戦

撃を防ぐ効果的対策のなかったことが、昼間の上陸作戦を拒否した要因であった。してみると昼間の上陸作戦は、複数の空母を集中し、上陸地周囲の制空権を確立できる確信がもてたときに、実施できるものであったことがわかる。

戦訓に基づく建艦計画の見直し

ガ島における半年に及ぶ日本軍との激戦による消耗はひどく、さすがの米機動部隊も立て直しを必要とし、しばらくソロモン海域から姿を消した。その後のガ島以西の作戦は、カートウィール作戦計画に基づいて、マッカーサーおよび連携したハルゼー提督指揮下の艦隊と海兵隊・陸軍によって進められ、ガ島から飛来する航空機が上陸作戦を支援した。この間、米本国では、数次のソロモン海戦での戦訓に基づいて、建艦計画の大幅な見直しが進められ、空母と駆逐艦の大量建造が行われた。ことに駆逐艦は、終戦までに艦隊型駆逐艦三四七隻、護衛駆逐艦四一二隻の合計七五九という途方もない隻数を建造し、六三隻にすぎなかった日本海軍と著しい違いをみせている。

日本の真珠湾攻撃作戦は、空母機動部隊搭載の航空戦力が遠方の軍事目標でも攻撃できることを世界で初めて証明した。米海軍は日本海軍の画期的戦例を模範として、大機動部隊を建設し、艦載機の猛襲によって敵の軍事拠点を破壊し、海兵隊が上陸作戦を敢行する構想を立てた。ガ島戦における海兵隊の活躍は、開戦前に根強かった海兵隊増強反対論および陸軍への併合論を完全に封じただけでなく、海軍が建設する空母機動部隊と連携して上陸作戦を専門的に行う任務が確立された。

珊瑚海海戦、ミッドウェー海戦、ソロモン海戦、南太平洋海戦における消耗で、昭和十七年（一九四二）十月末の時点で、米海軍に残る空母はエンタープライズ、サラトガ、レンジャーを残すのみになり、いくらアメリカの工業生産力が凄まじいとはいえ、一ヵ月や二ヵ月で必要な空母を取り揃えるのは不可能であった。太平洋戦争中の強大な米海軍を象徴するエセックス級空母の第一艦が就役したのは、同年十二月三十一日であり、ソロモン海戦が終わった時期の米海軍は薄氷を踏むがごとき状態であったのである。

そのため急場を凌ぐために、他艦種からの転用等によって補う方法も採用された。インデペンデンス級軽空母は軽巡洋艦クリーブランド級からの転用で、昭和十八年中に九隻全部が就役し、太平洋方面における作戦実施を容易にした。基準排水量一万一〇〇〇トンと小ぶりだが、搭載機数は四五機と日本の正規空母に近かった。このほか、タンカーから転用したサンガモン級護衛空母四隻があるが、これらは主に地中海や大西洋方面で使用され、太平洋方面での行動についてははっきりしない。

新鋭空母の相次ぐ就役

新しい主力空母であるエセックス級は二万七〇〇〇トンに達し、日本の空母の二倍近い艦載機を搭載し、強靱な防禦力も有していた。昭和十八年になると、ソロモン海戦後の再建期に合わせるかのように開戦前に着工した新鋭空母が二ヵ月に一隻の割合で就役し、この年の末ごろには、就役したエセックス級空母とインデペンデンス級軽空母とで新しい機動部隊を編成できるようになった。

再建後の機動部隊が初めて作戦したのが、昭和十八年十一月二十日から二十三日にかけて行われたギルバート諸島マキン・タラワ島攻略戦である。両島上陸作戦の支援のために正規空母であるエンタープライズと五隻の新鋭エセックス級空母、インデペンデンス級を含む五隻の軽空母、それに六六〇機もの艦載機が投入された。これに対して日本海軍は、ギルバート沖航空戦と呼ばれる基地航空隊による小規模の反撃作戦を行ったのみである。艦艇の再建が進まず、基地航空隊の反撃に依存せざるをえなかったのである。分厚い防禦網に阻まれてさしたる戦果を上げられなかったが、潜水艦イ一七五号が護衛空母リスカム・ベイの撃沈に成功している。

日本側では航空攻撃をギルバート沖航空戦と名付けているが、数次の作戦は少数機の攻撃で、米軍側にはこれといった記録がない。日本側にすれば、れっきとした作戦計画に基づく反撃であったが、数機ないし十数機程度で実施される小規模のものであったために、米軍側に作戦計画に基づく攻撃という印象すら与えなかったのである。分厚い防禦網に保護された米空母に対する攻撃は、難しくなる一方であった。

ニミッツの島嶼戦開始

日本側の航空攻撃をかわしながら行われたマキン・タラワ上陸作戦は、珊瑚礁が障碍になって苦戦の連続であった。艦首が観音開きする新型上陸用舟艇はヨーロッパ戦線に優先配備され、太平洋方面には配備が始まったばかりで、古い上陸用舟艇が使われたことも苦戦の一因になった。それでも作戦が成功したのは、日本軍の航空攻撃や艦艇の反撃を完全に遮断し、攻撃に専念できたからであった。

これまで戦史家は、ニミッツとマッカーサーの島嶼戦について対比し、相違について厳密な分析をしたことがなく、どちらも「飛び石作戦」「蛙跳び作戦」と呼んできた。マッカーサーの島嶼戦は、既得の島の飛行場を離発着する基地航空隊機によって制空権と制海権を確保し、ついで次の島嶼を占領し、これに新たな飛行場を獲得し、また航空隊を飛ばして前進していくというもので、まさしく島を飛び跳ねながらの前進であり、「飛び石」「蛙跳び」の表現がピッタリ合う。この方法では、島嶼を占領し飛行場を設置するのが次の前進の不可欠な条件であった。

飛び石作戦という誤認

ニミッツの島嶼戦は、ハワイを出港した機動部隊と、ハワイか米本土を出港した上陸部隊とが、目的地に近い環礁に集結し、それから目的地に近い海域に進み、圧倒的航空戦力で制空権と制海権を確立し、目的の島に対する上陸作戦を行って奪取すると、警備隊を残して引き揚げ、次も同じ方法で行うというものであった。ある島を奪取しないと次の島に進めないわけではない、換言すれば、ある島を奪取しても次の作戦のステップにするわけではないのであり、一般的にはこうしたやり方を飛び石とはいわない。

目的の島は軍事的要衝か確保が望ましいと考えられる島の中から選ばれ、ステップ用という認識はなかった。「飛び石」「蛙跳び」のいずれも、ニミッツの島嶼戦には合致しない表現である。

ニミッツの島嶼戦は、強大な機動部隊の攻撃力をもって、一気に目的地周囲の制空権と制海権を取ったのちに上陸作戦を行う点に特色があり、空母の整備と航空隊の編成が前提であった。昭和十七年十月末の南太平洋海戦後、戦場に投入できる空母が底を尽きた状態ではできない作戦であり、十八年十一月、マキン、タラワ攻略戦まで一年以上の間が生じたのはそのためである。この戦闘では問題点がいくつも発見され、機動部隊の大攻撃力をもってするニミッツの島嶼戦が本格化するのは昭和十九年（一九四四）からである。

図6　ニミッツ

マッカーサーの島嶼戦は、次の島に進むための飛行場の確保を主目的とし、飛行場建設工事を阻む日本軍がいない、あるいは少ない島への進攻作戦であったことが特徴である。これに対して強力な空母部隊をもつニミッツの島嶼戦は、飛行場獲得よりも、戦況の動向に深く関わる軍事的要衝である島の奪取を目的とした。たとえばマリアナ諸島のサイパン島やテニアン島、硫黄島への上陸作戦は、日本本土に対する戦略爆撃を任務としたB29用の飛行場獲得を企図したもので、この企図は島嶼戦の枠組みを越えるものであった。

マッカーサーの島嶼戦では、日本軍の手薄なところを攻略するため、日本軍の全滅（玉砕）が少なかった。次の島へステップするための飛行場を獲得しさえすればよかったため、日本軍を島から追い落とす必要がなかったからである。これに対してニミッツの島嶼戦では、軍事的要衝である島の確保を目的とし、しかも島が狭小であるため、待ち構える日本軍は全滅にいたるまで戦った。南西太平洋方面軍が行うレイテ上陸作戦を支援したニミッツが、「それまでの太平洋上の大部分の上陸作戦に比べて、レイテ上陸は楽なものであった」(5)と感想を漏らしているが、米海軍と海兵隊がやってきた上陸作戦がいかに困難であったかをうかがわせている。

マッカーサーとニミッツ―それぞれの戦術―

アメリカ国民は、犠牲者が少ないマッカーサーの島嶼戦よりも、艦載機のすさまじい銃爆撃と戦艦群の激しい艦砲射撃のあと、一斉におびただしい数の上陸用舟艇が白波を立てて島に殺到する海軍・海兵隊の島嶼戦の映像を見せつけられ、大好きなショウを見ているかのような錯覚に囚われ、すっかりそのファンになってしまった。少ない犠牲で確実に前進するマッカーサーの方を尊敬してもいいのに、海軍ファンが圧倒的に多くなった世論のもとで、マッカーサーのもとで戦った将兵は、今日にいたるまで不人気に耐えなければならなかった。

同じ米軍の島嶼戦といっても、これまで述べたように陸軍のマッカーサーと海軍のニミッツの戦い方には大きな違いがあった。マッカーサーの島嶼戦では、しばしば日本軍の退却路の前方に部隊を上陸させ、日本軍の退路を断つ方法がとられた。そのため日本軍は前後に敵を受け、やむなく険しい山間部のジャングル内に逃げ込み、戦わずして南洋の風土病に倒れ、餓死で野垂れ死にする将兵が多かった。日本軍戦死者の大半が餓死か病死で、銃弾や爆撃による死傷者の割合は意外に少なかったとみられている。

そして、マッカーサーの南西太平洋方面軍の戦死傷者は、多く見積もっても日本軍の十分の一にもならないと推測されている。

一方、ニミッツの島嶼戦は、戦艦や艦載機、白波をかき立てる上陸用舟艇群など派手な出し物により、圧倒的勝利という期待感を醸し出す。だが死にものぐるいの日本軍の反撃に遭い、ペリリュー島や硫黄島のように日本軍に劣らぬ死傷者を出す例でうかがわれるように、予想外に犠牲者が多かった。少ない犠牲者で目的を達することこそ理想的作戦とすれば、マッカーサーの作戦の方が優れていたのではないか。

米軍に通底する合理主義

なおマッカーサーとニミッツの戦い方には、共通点がないわけではない。日本軍は、島嶼戦についての明確な方針と戦略・戦術がないことを反映して、大小の部隊を方々の島々にばらまいた。これに対してマッカーサーもニミッツも、日本軍がいるすべての島を攻略する無駄を冒さず、進攻方向にある島を選んで攻略する方法をとった。時間や人命物資の節約につとめるいかにもアメリカらしい合理主義が生み出した方法といえよう。マッカーサーなどは、飛行場とその周囲を確保するだけで、その外側にいる日本軍を無視するという徹底ぶりであった。

置き去りにされた南方資源地帯

マッカーサーはこれだけではなかった。飛び石作戦で、最も画期的であったのは、日本の南方資源地帯を置き去りにしたことである。開戦時の日本の戦争目的は「自存自衛」にあったが、これを実現するためには南方資源地帯（主に蘭領印度・マレー半島）を獲得し確保しつづけることが不可欠であった。こうした日本の活路に対する最大の脅威が米軍の東方からの進攻で、山本五十六が真珠湾を叩いたのも、連続攻勢作戦を取りつづけたのも、ひとえに南方資源地帯の確保のためであった。

南方資源地帯の重要性は終始変わることはなかったから、戦局次第で米軍の来攻を警戒しなければならなかった。昭和十七年以降の戦局の中で、最も来攻の可能性が高かったのは、二年半続いたニューギニア戦がほぼ決着し、マッカーサー軍がレイテ島に上陸するまでの一、二ヵ月間であり、現地の日本軍は極度に恐れた。待ち構えていた阿南惟幾《あなみこれちか》の第二方面軍をはじめとする日本軍を尻目にフィリピンに直進したマッカーサーの作戦こそ、典型的飛び石作戦というべきもので、開戦以来、大本営が思い描いてきたシナリオは何一つ現実化しなかったことになる。

南方資源地帯を置き去りにしてフィリピンに進攻する選択をしたマッカーサーは、一〇〇万に近かった南方軍指揮下の日本軍との戦闘で生ずる犠牲を回避できたばかりか、勝敗が決着するまでに必要な時間をかけずにすんだわけで、これこそ飛び石作戦の真髄と呼ぶべきものであろう。

3　統帥権に縛られた日本の島嶼戦

日本軍の敗因

連合軍の反攻によって引き起こされた島嶼戦における日本軍は、おびただしい人命と軍事資材を消耗し、これが敗因の一大要因になった。戦後の日本人は、敗因を敵の圧倒的戦力にしてしまうのが口癖になっているが、(6)昭和十八年前半までは、島嶼戦における両軍にさほど差がなく、陸上兵力や航空兵力の中には日本軍の方が優勢であった分野もある。連合軍の兵力・戦力が優勢になったのは昭和十八年後半になってからで、それまでの敗因を敵の圧倒的兵力と決めつけては、責任の転嫁といわれかねない。

統合司令部の不在

島嶼戦の主戦力は航空機であり、航空戦については、わかりきったこと以外に看過できない敗因があった。自ら悲惨な結果を招くにいたった原因について、とくに三つに絞って取り上げる。第一は統合司令部ができなかったことである。ガダルカナル戦とポートモレスビー攻略作戦が失敗した直後、陸軍側から統合司令部の設置案が提案されている。(7)島嶼戦をやってみて、陸海軍の協調、一体化ができないために苦戦した反省から行き着いた提案であったが、海軍とくに山本五十六の絶対反対で潰れた。それにもめげず陸軍は、次に陸海航空隊の統合司令部の設置を提案した。(8)海軍側の強い要請で陸軍航空隊がニューギニア・ラバウル方面に進出しはじめたのは昭和十八年初頭からで、陸海軍航空隊が同じ戦場で飛び回るのは初めての経験で、大空には境界がないから同士討ちも頻出した。こうした事件の防止には、一元的機関のもとで航空管制、航空作戦の調整を行う必要があり、陸軍案はごく自然な発想であった。指揮系統を異にする航空隊が、同じ空域を飛び回る危険は誰にでも理解できる。陸軍側から指揮の一元化を求める強い要請が繰り返し出されたことは、陸軍航空隊が実戦経験が少なかったとはいえ、当然すぎる要請である。この後、海軍は航空反攻戦である「い」号作戦を単独で行ったが戦果はなく、作戦の終わりに山本五十六を失うという悲劇まで招いた。

これまで陸軍は、海軍が立案した作戦計画に南海支隊を派遣して一応の協力を果たしてきたが、ポートモレスビー戦・ガダルカナル戦から増援につぐ増援を行い、おびただしい犠牲者を出すに及んで、海軍の作戦方針に盲従するわけにはいかなくなった。

ガダルカナル戦とポートモレスビー戦で敗北した昭和十七年の暮れ、天皇からどこで守勢から攻勢に転ずるか下問された杉山元《すぎやまはじめ》参謀総長は、永野修身《ながのおさみ》軍令部総長と協議のうえで、二人が両統帥部を代表し、屹立してニューギニアで攻勢に出る旨を奏上した。作戦の経緯からすれば、海軍の作戦計画に陸軍が協力してきた関係であったが、あたかも敗戦の責任者でもあったかのように御下問され、陸軍とすればまったく心外であったにちがいない。このとき以来、西南太平洋方面、いや太平洋の戦いに陸軍も本格的に参加せざるをえない立場に立ったといっても過言でない(9)。

これを受け、第十八軍司令部のもとに三個師団を主力とする一五万余の大軍を日本からおよそ六〇〇〇㌔離れた僻遠の地に展開させることになった。これだけの大部隊は、日本が太平洋戦域に配置した最大兵力であり、僻遠の戦場に一五万もの兵力を維持するためには、その後方に巨大な補充・補給体制の構築が不可欠であった。

昭和十七年後半に展開されたポートモレスビー攻略戦やガダルカナル戦において、海軍に請われて派遣された陸軍部隊は、半年に及ぶ戦闘で多くの教訓を得た。明治以来、陸軍と海軍は、大陸と海洋という別々の戦場で作戦してきたため、統帥権体制に何ら不都合を感じないできた。ところが島嶼戦に従事してみると、常に互いを視野に入れ、常に連絡を取り合うだけでなく、協力し合う必要があったが、統帥権体制が障碍になり、簡単には実現できないことが明らかになった。

統帥権体制という障壁

明治憲法第十一条で規定された天皇の統帥権は、天皇が陸軍と海軍を指揮・命令する大権とされ、この大権のもとで、陸軍と海軍は別々に天皇の命令を受け、陸軍と海軍は独立して作戦することになった。日清・日露戦争では不便がなかった統帥権も、総力戦が叫ばれ、航空機が自由に飛び回り、陸海軍の戦場が近接するに至り不都合が生じはじめた。昭和に入って二度にわたって行われた上海事変において、それほど深刻でなかったにせよ両軍間の齟齬が明らかになった。ロンドン軍縮問題のさい、海軍省と軍令部の間にも統帥権問題のあることが顕在化したが、これより遥かに深刻で、国家の行く末にも係わるのは陸海軍間の統帥権問題であった。

開戦前の予想では、海軍が太平洋で米海軍と、陸軍が大陸で英印軍や中国軍と戦うはずであったが、島嶼戦が本格化し、陸海軍の肩が触れ合うまで接近する現象が起こった。海軍が米英の海軍を研究するように、身内の陸軍や陸戦を研究したことはなく、陸軍も同じであったにちがいない。そのため戦場でそれぞれが見せる動きは、それぞれにとって驚くことばかりであったであろう。

激しい戦闘、連日繰り返される戦闘の中で、指揮の一元化、共同作戦の必要性が高まるにつれて、陸海軍を分け隔てる統帥権体制が障碍になりはじめた。戦地の陸海軍部隊への命令は、天皇から別々に出されたものであり、したがって陸軍と海軍は、それぞれの命令に基づき作戦を遂行しなければならないのが、統帥権体制が引き起こした現実である。共同で行動するためには、同じ趣旨の命令が天皇から発

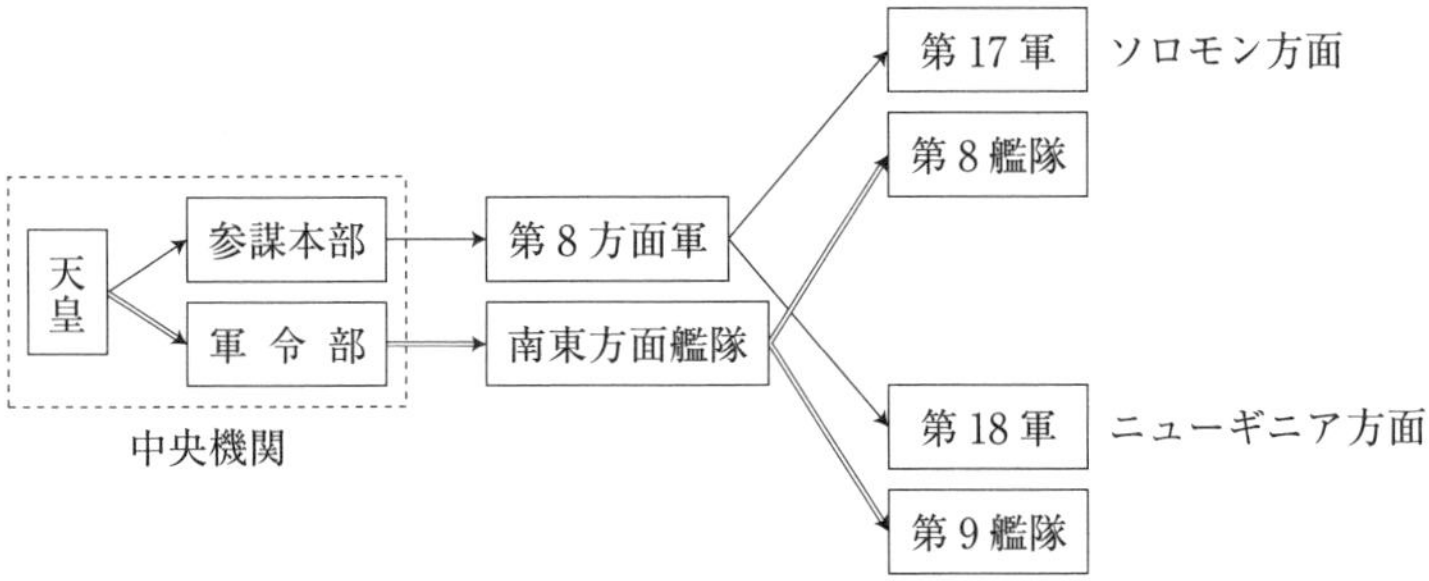

図７　ニューギニア・ソロモン方面への指揮系統

せられ、末端の部隊にまで下達されねばならない。指揮官クラスの軍人も、いかなる組織でも一元指揮が最善であるという常識を知っていながら、二元指揮になる統帥権体制には反論しなかった。この体制を守ることが天皇・国家への忠誠だったからである。

陸軍と海軍の軋轢

昭和十八年から新たに着手されるニューギニアにおける攻勢作戦に備えて陸軍は、航空部隊や陸上部隊を南方に派遣するに際し、統合司令部の設置を海軍に打診した。大正時代、陸軍航空の建設に心血を注いだ井上《いのうえ》幾《いく》太郎《たろう》は、海軍に何度も空軍設置をもちかけたが、にべもなく拒否されてきた。昭和になっても何度も同じ申し出をしたが、海軍はその都度拒否してきた。海軍には陸軍に苦汁をなめさせられたという被害者意識が強く、信頼醸成の障壁になってきた。技術者集団であった海軍には、両者の協力・統合は陸軍に技術を掠め取られる機会になるだけという懸念も広くゆきわたっていた。

統帥権体制のもとでは、大本営陸軍部（参謀本部）と同海軍部（軍令部）を通して下達される天皇の命令の受け皿として、それぞれ現地司令部がどうしても必要であった。

ニューギニア方面に設置された第九艦隊は、艦艇は数隻の駆潜艇のみ、地上部隊ばかりという実質的に戦闘力をもたない組織であったが、天皇の命令を受ける機関がどうしても必要であるため設置された。こうまでしなければならないのが統帥権体制であった。

現地のレベルで共同作戦、指揮権の一元化を決めるなどもってのほかで、何でも天皇の裁可を得て中央から現地に下ろしてこなければならない仕組みであった。一元化に対する陸軍の主張は、きわめて合理的なものであったものの、仮にそれが実現すれば、統帥権体制の否定に発展しかねない可能性を秘めていた。統帥権は天皇大権の最も重要な支柱であり、統帥権体制の否定は天皇制の修正につながりかねなかった。

統帥権体制は、ドイツ軍の制度に詳しかった桂《かつら》太郎《たろう》の建言や、陸軍の風下に置かれた海軍が対等の位置を追求する努力等によって、明治十年代から二十年代にかけてしだいに形成されたものであり、最初から存在したものではなかった。しかし陸海軍人は、ことあるごとに統帥権を持ち出してこの体制を強化し、自縄自縛の弊に陥っていることに気がつかないできた。

問われていたのは日本の国家体制

島嶼戦が日本に突きつけた課題は、統帥権を柱にした国家体制では、南西太平洋における陸海空戦力の一元化を迫る戦いを乗り切れないという現実であった。統合司令部の設置がとうてい望みえないことが明らかになると、第八方面軍航空参謀谷川一男《たにがわかずお》大佐が「少なくも、南方全域の航空全兵力を統一し、南太平洋方面の航空作戦のため、……兵力の集散離合を敏活にし、かつ、強力な統帥力の発揮、作戦準備の統一作業のため、これに適応する航空の統帥指揮組織を確立する」[10]と、せめて陸海軍航空隊の統合指揮だけでもと求めたが、これも海軍から拒否された。もっとも陸軍側にも、ガ島戦が激化し、航空機と搭乗員の消耗が激しくなった海軍から陸軍航空隊の派遣要請があったさい、参謀本部が門前払いして[11]、建設的話し合いの好機をぶち壊した経緯があり、どちらにも素直に協力態勢に入れない精神的障碍があった。

陸海統合司令部の設置案は、とくに航空隊にとって切実な問題であったが、航空機の登場以前に作られた統帥権がこれを阻んだ。科学技術の進歩は不可能を可能にし、人類社会の諸々の環境を根底から変えることも珍しくない。そのため人類が作った社会制度が陳腐になり、修正を余儀なくされることも当然ありうる。科学技術の発展と密接に関係する軍事分野では、なおのこと影響が深いだけに、組織制度や軍事思想を適宜修正し、新しい環境に合わせる柔軟性がなくてはならなかった。

統帥権体制が飛行機の時代に合わなくなったら、早急に体制の見直しをしなければ、体制を維持している軍隊が時代遅れになってしまう。とくに統帥権体制の維持に熱心なのは中央のエリート軍人たちで、彼らに与えられた権力の根拠が統帥権にあった例も少なくなかったからだ。科学技術に関心が高かった海軍軍人も、統帥権維持については陸軍軍人以上に強硬で、彼らの高い科学技術力もしょせんそのかぎりのもので、科学技術を支える合理主義思想も、社会の制度や活動にまで及ぶ深層的なものではなかったことを物語る。

陸軍嫌いの山本五十六

太平洋戦争中の海軍のかたくなな態度は、二・二六事件に代表される陸軍の強引な横車に対する積もり積もった不信感に根差していた。ソロモン諸島やニューギニアにおける教訓から生まれた陸軍の統合司令部案は、この方面の海軍部隊の最上級機関である連合艦隊司令部にはかられた。司令長官である山本五十六は大の陸軍嫌いで、彼のところで陸軍の申し出はことごとく拒絶されたといわれる[12]。好き嫌いに理屈はいらないが、山本の場合、しいて挙げれば、統合すれば数にものをいわせて無理難題を押し通す陸軍に主導権を握られ、海軍にとって何もいい結果が残らないと考えていた。山本にしてみれば、海軍次官時代、陸軍に何度も煮え湯を飲まされ、ついには今のような戦争につながったのであり、何をしでかすかわからない陸軍の申し出に貴重な時間を割く気など毛頭起こらなかったのではないか。

陸軍軍人すべてが、好戦的風潮に乗って見境のない言動をして日本を戦争に駆り立てたわけではなく、現実を直視し、国家にとって最善の選択肢を求める良識人も多かった。陸軍の統合司令部案は、戦闘経験から得た戦訓を真剣に分析し、最善の対策として提起されたもので、山本が恐れる政治的陰謀など無関係であった。しかし山本の陸軍に対する嫌悪感、不信感は余りに強く、提案をことごとく門前払いにしたが、国家の命運をかけた戦争では、積年の怨恨を棚上げする忍耐が必要ではなかったか。

オーストラリア首相カーティンは、日本軍が迫り来る中で、おりからフィリピン・コレヒドール島を脱出しメルボルンに到着したマッカーサーに豪軍全軍を差し出し、オーストラリア防衛を委ねる決断をした[13]。米軍の大軍が進出済みであれば理解できなくもないが、未訓練の米歩兵一個師団が到着したばかりの状態で、カーティンは外国の将軍であるマッカーサーに国家の運命を託したのである。米豪はもともと英国の植民地から出発し、英語を国語とするという条件が揃っていたとはいえ、カーティンの決断は尋常な精神力ではできなかった。カーティンの国家レベルの決断に比べれば、陸海軍の統合司令部設置は日本軍内の問題で、実現に対する障碍は遥かに小さかったが、敗戦にいたるまでこれを決断する人物はついに現れなかった。

統合司令部を実現できない弊害

統合司令部を設置し、陸海軍航空隊を一元化した作戦を実現すれば、威力を倍加した攻撃が十分可能であり、海軍側もその合理性に気づかぬはずはなかった。陸軍の一〇機だけで攻撃するよりも、海軍の一〇機を合わせて二〇機とした方が威力は倍増するという単純な理屈がわからない者はいなかったはずだ。マッカーサーの作戦を見て自軍の欠点に気づき、修正の必要を感じた海軍軍人も少なくなかった(14)。

昭和十八年三月二日から三日にかけて、杉山参謀総長と永野軍令部総長が天皇に約束したニューギニアでの攻勢のため、先陣を切って第十八軍司令部と第五十一師団所属群馬県高崎の第百十五連隊をラエに輸送する八十一号作戦が企図された。攻勢作戦の成否がこれにかかっているだけに、陸海軍航空隊が総力を挙げて援護することになったが、統合作戦ができないため、両軍航空隊が一緒に船団の上空を飛ぶことができなかった。

制度を厳格に守ると、こうした信じがたい現象が生じる。自縄自縛とはまさにこうしたことをいうのであり、国家にとって不利益しかもたらさない制度を、組織が一生懸命に維持する現象は、距離をおいて見ると滑稽に映る。国家の勝利と統帥権体制の維持のどちらが大事か、という比較は馬鹿げているが、現実は甲乙つけがたかった。結局、統帥権体制を壊さぬように、一時間ごとに陸海軍機が交代して護衛することになった。仮にそれぞれが一〇〇機ずつ出しても、両航空隊が一緒に飛行できないから、警戒飛行する航空機の最大数は一〇〇機で、両者を合わせた二〇〇機になることはなかった。

戦況に対応できない日本海軍の悲劇

マッカーサーとの島嶼戦が始まってみると、統帥権体制下の陸海軍はバラバラに作戦し、陸海空の三戦力を集中してくる連合軍に対してしだいに劣勢になった。日本の国家体制が敗因になってしまったのである。海軍の強い要請を受け入れて航空隊の南太平洋方面派遣を決めた陸軍は、第八方面軍参謀長加《か》藤鑰平《とうりんぺい》を通して、南方全域の航空部隊の一指揮官による統制を要請したが(15)、海軍からにべもなく反対された。陸軍とすれば、進出する前に同士討ちを防止する体制をつくりたかったが、これさえ実現できなかった。

日本軍の八十一号作戦に対して、統合された米陸軍第五空軍と豪空軍は、十分な訓練を積んだあと、きめ細かく立てられた攻撃計画に基づいて、それぞれの高度と方角から日本の輸送船団に一斉に襲いかかった。海軍航空隊の担当時間帯の援護態勢は分厚いとはいえず、そのため米豪航空隊の奇襲作戦を許し、すべての輸送船が撃沈された。これがダンピールの悲劇である。敗因は、海軍機が超低空攻撃を予想せず、比較的高い高度をとっていたとか、連合軍側が初めて太平洋戦線で試みた反跳爆撃が大成功を収めたとか、もっぱら技術的理由が指摘されるが、統帥権体制に基づく航空部隊運用に一大原因のあったことは明らかである。

統合された航空隊の創設をあきらめた陸軍は、第六航空師団と第七航空師団を一つにする第四航空軍を設置することでお茶を濁した。以後、陸軍第四航空軍は東部ニューギニアのウェワク、ブーツ、アレキシス等に拠点を置き、ラバウルとニューアイルランド島のケビアンに拠点を置く海軍航空隊と別々に作戦を続けた。

ダンピールの悲劇から一ヵ月後、連合艦隊は山本五十六長官の督励のもとで、ニューギニア方面およびソロモン方面に対して、前述のように報復とも受け取れる航空反攻作戦である「い」号作戦を実施した。また十一月には連合軍のブーゲンビル島のタロキナ上陸に対抗して「ろ」号作戦を行った。両作戦とも海軍の単独航空作戦であり、もともとかぼそい打撃力はさらにひ弱で、戦果を上げないまま作戦を終了した。海軍が陸軍航空隊を南方に呼び寄せながら、共同作戦をやろうという考えはなかった。海軍が陸軍航空隊の能力を買っていなかったことは確かで、それはともかく、徐々に劣勢に変わりつつある戦況下でも、とくに海軍が陸海軍戦力を合わせるという考えを持ち合わせなかったことが明らかで、こうした態度が時代遅れになっている現実に気付いていなかったごとくである。

島嶼戦においては、陸海空の三戦力が集まる現象が起きやすく、三戦力を計画的に集中して攻撃力を高めることにより、初めて有利な戦いが期待できた。しかし明治時代以来、陸軍と海軍が別個の独立した指揮系統のもとで行動する体制に慣れた日本軍では、島嶼戦に対処するのが難しかった。山本の後任になった古賀峯一《こがみねいち》に対して、陸軍が一元化の提案をしたことを示す記録は見当たらない。おそらく誰に提案しても拒否されるだけだと思っていたのであろう。

島嶼戦に加わった陸軍の誤算

海軍の要請を受けて進出した陸軍部隊は、当然共同作戦が行われるものと考えた。しかし統帥権体制下においては、作戦に先立って中央の参謀本部と軍令部との間で中央協定が締結され、さらに現地軍間でも現地協定が締結されて、初めて共同作戦が可能になる。締結にいたるまでの時間や手間がどれほどのものか多言を要しまい。協定は共同作戦のシナリオを前提にして作成されるが、実際はシナリオどおりに展開しないのが世の常であり、現地部隊は協定外の事態にどう対処すればいいのか迷った。

予想される事態を想定して結ばれる協定は、実際には、意味をなさないことが珍しくない。相手もこちらの行動を推測し、その裏をかこうとするから、協定の際に立てた予想がはずれるのが自然の成り行きというものであろう。協定を結んで協力する体制が機能しない一因にはこうした理由があり、多数の選択肢を有する島嶼戦において、協定に基づく作戦が結果を生まなかったのも当然かもしれない。

同じ国家の軍隊がいちいち協定など結ばなければならないのか、協定を結んで作戦ができるなどと本気で考えていたのであろうか。明治以来の歴史の中で、統帥権を陸海軍が都合よく利用する過程で、陸海軍はあたかも別々の国家の軍のようになってしまった。不幸なことに、日清戦争以来の日本が係わった戦争では、このことが喫緊の問題になることはなかった。飛行機の登場がこの問題生起の最大の要因だが、近代化に必要な本質的改革を素通りしてきた日本人は、新技術の導入と政治・軍事・経済等の制度とを別個に考えてきたきらいがある。そのため技術の普及と社会の仕組みや制度が合わなくなり、皮肉にも統帥権体制にその弊害が象徴的に現れた。戦争中、天皇は繰り返し陸軍と海軍が一致協力しているか下問しているが(16)、統帥権の弊害に最も心を痛めていたのは、ほかならぬ天皇自身であったのかもしれない。

伊藤博文《いとうひろぶみ》、井上毅《いのうえこわし》らが明治憲法草案をまとめていたころ、将来、航空機が乱舞するなど思いもしなかった。技術の進歩によって、科学技術の発展がもたらす社会の変化は誰にも予想がつかないから、国家体制、社会の仕組みも永久不変というわけにはいかない。とくに軍事は、新技術が作り出す変化にすばやく対応しなければならない。だが陸海軍は、体制やそれぞれの仕組みの維持に執着し、技術がもたらした変化から目を背けてきた。技術集団といわれた海軍がこの弊害に陥ったことは、技術の影響を皮相的にしか捉えられなかった組織の限界を表しているように思われる。

伊藤や井上毅らの憲法制定関係者が、後世の軍人たちを縛りつける制度を残したという見方もできる。一度規定されると、社会がどれほど変化しても修正できない日本社会の体質を物語っているともいえる。伊藤らは天皇制を維持するために過度な大権を天皇に与える規定を作ったが、それが半世紀後に陸海軍を苦しめたことに対して、一番心を痛めていたのが天皇であったとは痛ましいかぎりである。

日米の法慣習の相違

近代の戦争を振り返ると、成文法に基づき事態に対処する大陸法系の国家より、新経験を慣習法的判例として受け入れる英米の方が、新技術による未経験の戦いにも的確に対応してきたように思える。成文法の制度では、考えられるかぎりの事態を考慮し法律が制定されるが、しかし人智を超えた事例が起きるのが世の常であり、その場合、法解釈ですらもお手上げになる。法と社会の関係は戦争にも現れ、科学技術を駆使する近代戦争では、夢想だにしない変化も稀でなく、それへの対処は慣習法の英米が素早く、とくに英国が数百年にわたる戦争に負けない歴史を築いてきたのも、そこに大きな一因があった。

これに対してドイツは、開戦前の計画に沿っている間はいいが、予想外の現象が登場してくると、適切な対応がとれず苦境に立たされることが少なくなかった。

学校教育の主目的は、先人が取得した知恵を次世代へ引き継ぐことにあり、先人の知恵を学ぶことにより、遠回りをせずに未来を切り開くことができるという確信に基づいている。ところが日本の軍学校では、未来に起こることも学校教育で学んだ内容で解決できる、否、そうしなければならないと教え込んだ。術科教育に使われた各種教範はその典型で、いかなる状況も教範に従えば解決できるから、暗記せよと強制した。だが未来の現象には予想外がつきもので、学校で習ったことでは対応不能になることが少なくない。それゆえに、軍人には予想外の事態にどう対処し行動すればよいか、軍学校はそれについて考える場でなければならない。日本の軍人が新事態の対応に手間取ったのは、この辺に理由があったと考えられる。

まったく予想されなかった島嶼戦は、日本の国家体制がかかえる問題を暴露したという意味で、歴史上、重要な意義を有する。さらに島嶼戦を中心に展開される太平洋戦争は、科学技術の進歩がもたらす激しい変動にもかかわらず、統帥権体制に何らの修正も加えないばかりか、むしろより強くこの体制にこだわった日本が、新時代に適合できるか否かを問われる戦いであったといえる。換言すれば、新しい変化を拒否する組織、ひいては国家、社会に待ち構える運命がいかなるものか示唆するものであったといえる。

4　航空戦に支配された島嶼戦

日本の航空戦力

島嶼戦における制空権の喪失は、ただちに制海権の喪失につながり、陸上戦を戦わずとも勝敗が明らかになるほど決定的であった。戦いを有利に導くためには、航空隊の活躍はいわずもがなだが、それを可能にする諸条件の整備が不可欠で、日本軍が劣勢になるのは諸条件の整備に対する認識不足や軽視に負う面が大きかった。

ダンピールの悲劇の直後の三月二十二日、南太平洋方面作戦陸海軍中央協定が改定され、陸海軍の航空兵力を増強して米豪航空隊に対決することが確認された。陸軍は一三七機を二四〇機に、海軍は二四五機を三三九機に増強し、機数の面では米豪航空隊と互角になるはずであった。両航空部隊の一元化を棚上げした増強策は、両者の飛行機の数が増えただけで、それぞれが独立して戦う仕組みは変わっていないから、戦力的にはさほど増強されたことにはならない。

昭和十八年三月十五日に第八方面軍参謀長加藤鑰平が大本営に提出した「南太平洋方面戦略態勢確立に関する意見」の中で、「戦勢を支配する最大原動力は航空勢力である。……航空勢力関係を現状のままにしては、南太平洋の戦略態勢は崩壊の一途をたどると断定できる」と、島嶼戦化した南太平洋方面の戦いは航空戦力で決定される旨を確信的に述べ、現状の「航空勢力関係」に警鐘を鳴らしている。

陸軍航空隊の中核部隊であった第六飛行師団が、東部ニューギニアのブーツ、マダン、アレキシス等に進出を終えたのは五月十日ごろで、合計一五一機にのぼる。第七飛行師団のウェワク進出は若干遅れ、七月末ごろに進出を終えたが、配備機数は一〇〇機前後と推定される。第六飛行師団は、七月中に二度にわたり、一〇〇機近い規模で米豪軍を攻撃しているが、一〇機とか一五機程度の出撃が多かった日本の航空隊が、これほど多数による攻撃を行ったことはこれまでになく、米豪軍側にとって大きな脅威になったとみられる。なお刻々と増減する航空戦力をある時点に限って数値化してもあまり意味がないが、進出した陸軍機はおおよそ三〇〇機前後と推定される。そのうち三分の一以上が軽爆・重爆で占められ、陸軍にとって派遣可能な精鋭航空隊を全力投入した。

近代戦では、最前線の背後に後方部隊や補給体制を抱えるのが常識になっているが、航空隊が進出するとなると、補充・補給・経理・輸送の諸部隊、飛行機の整備等を担当する航空廠、飛行場の整備・修復に当たる部隊、情報収集・監視・通信を担う機関、防空を担う高射部隊等も一斉に動き、所定の位置に展開する。三〇〇機の配備ともなれば、飛行場を中核に大きく裾野を広げたように関係機関が配置につく。あたかも飛行場を中心に構成される巨大なネットワークのごときもので、三〇〇機を擁する航空軍ならば、少なくとも三、四万人くらいがこの中に組み込まれたとみられる。

航空戦の成否を決する飛行場建設

だが航空戦が始まると、狙われやすかったのが飛行場である。飛行機の離発着を直接妨害できるだけでなく、目立つ標的であった。海上における戦闘で、空母に攻撃が集中したように、島嶼戦における戦闘も、飛行場が主目標にされた。そのため一日も早く飛行場を完成し、いち早く航空隊を配備して、敵が攻撃して来る前に先制攻撃をしかけることが優勢の確保につながるため、飛行場建設競争が航空戦の一部になった。

飛行場建設の戦いでは、ブルドーザーをはじめとする機械力を駆使して短時間で工事を終わらせる連合軍に対し、肉体労働に頼る日本軍に勝ち目はなかった。土木機械は元来民生用であり、軍事機密ではなかったから、その存在を知らないということはなく、諸外国の工事現場では早くから使用されていた。土木工事を担当する陸軍工兵隊の関係者が、輸入しようと思えばいくらでも可能であった。だが日本の軍人の目には、その存在がまったく映らなかったらしい。

近代産業の発展と総力戦

戦後の日本人は、こうした理由をすぐに国力とか生産力にしたがるが、日本より国力では劣っていたはずのオーストラリアでも盛んに使われており、要は人力を機械力に代える合理主義精神が社会に浸透しているか否かの問題である。日本軍将校の知的レベルが低いはずはないが、こうした合理主義とはかけ離れた精神構造をしていたのではないかと思われ、仮に工事現場でブルドーザーを見ても、軍でも使えるという発想が少しも湧かなかったにちがいない。

強兵を国是としてきた近代日本であったにもかかわらず、限られた兵器にばかり関心が向けられ、その視野はきわめて限られていた。近代産業の発展が均質でなかった日本では、機械化が進んだ分野もあったが、豊富で低賃金の労働力がいくらでもあり、機械化が進まない分野がいくらもあった。欧米に最も立ち後れていたのは自動車の普及で、すでにモータリゼーション時代を謳歌していた欧米に比べ、自転車・乗り合いバス・電車・リヤカー・馬車等が道路に共存する日本では、機械産業、交通・流通・通信等の分野の発展が著しく遅れた。そのため近代産業が求める機械化、省力化、規格化の面でも遅れが目立ち、大量生産方式、品質管理の導入も進まなかった。凹凸の激しい発展段階を示す近代産業の中で、立ち後れた分野が国家総力戦の遂行において日本の弱点となって現れた。

近代戦争が、日進月歩の科学技術を背景に、機械化された生産工程が生み出す多量の武器弾薬を消費するようになると、軍人だけで戦争に対処するのが困難になった。軍と民間との連携、軍以外の諸分野の専門家との協力が欠かせなくなったが、軍人を武士のごとき特別な身分と考えるようでは実現は難しかった。官尊民卑の非民主的関係では、民間の技術やノウハウを軍の能力向上につなげることはできなかった。

航空産業にみる軍民の関係

とくに目まぐるしく発展する航空機の分野で、こうした軍民の関係が強く影響した。航空機の発達はまさに日進月歩で、年度予算に強く束縛され、予算執行までの手続きが面倒で、自由な発想を具体化しにくい国家機関では、飛行機の進歩に追随するのが難しかった。軍艦が海軍工廠で、銃火器類が陸軍造兵廠で発達したのと異なり、飛行機が民間企業の手で開発されたのは、激しい進歩に対応するには民間企業の方が有利であったからだろう。飛行機が軍需に支えられて急速に発展したことは疑いないが、民間企業が開発に当たったことが大きな成果を生む要因であったことは疑いない。

時代の先端を進む航空機開発は航空戦の様相を目まぐるしく変え、統帥部の指導と術科教育が追いつかないことが稀ではなかった。航空隊は飛行機を動かす組織であったゆえに、陸上部隊や艦隊に比べて形式にとらわれない雰囲気があったといわれるが、それでも新しいニーズに対応できていたとはいえなかった。飛行機開発を民間企業に依存したのと同様、運用についても伝統と一線を画した姿勢が必要だった。

無防備な飛行場は機体の犬死を招く

島嶼戦下の基地航空戦では、飛行場をめぐる攻防戦が、海上における空母をめぐる攻防戦に似ていたことは前述した。中国大陸での地上戦に備えていた陸軍航空隊には、この認識が十分に備わっていなかった。中国大陸の簡易飛行場での離発着に慣れ、施設を整えた飛行場の建設についてあまり考えたことがなかった。この点については、海軍の方が少しだけ進んでいた。海軍が残した飛行場に手を加えたとはいえ、その施設と機能はあまりに貧弱であった。

飛行機は空にいるときよりも、地上すなわち飛行場にいる時間の方がずっと長い。空に舞い上がって初めて威力を発揮する航空機にとって、地上にいるときは脆弱そのものである。ところが地上にいる唯一の場が飛行場であり、そのため地上の航空機の楯となって守ってやるのが飛行場の使命でもあった。ところが陸海軍とも、航空機が離発着できればいいとしか考えなかったのか、あるいは低い土木工事能力のためか、離発着の機能を整備するだけで、飛行機を守る施設も能力も貧弱であった。

飛行機を守るには、掩体を建設してこれに飛行機を収容して被害を小規模に食い止め、他方で飛行場一帯を濃密な火網で被うことができる高射砲や機関砲を配備することが不可欠であった。海軍航空隊の飛行場には掩体を設置したものが若干あったが、陸軍の飛行場は、無防備の状態で機体をさらけ出し、しかも高射砲等の対空火力も劣弱で、さして敵機の脅威にならなかった。米軍飛行場が、高い耐圧をかけた複数の長い滑走路を備え、しかも全機を収容できるだけの掩体を備え、周囲には強力な対空火器を無数に展開したことと比較すると、あまりに見劣りした。

太平洋戦争で最も多数の飛行機を消耗したのがニューギニアの戦場であったが、空戦で失われた機数よりも、地上で破壊された機数の方がずっと多かったといわれる。残念ながら空と地上で失われた機数に関する記録が残されていないため、主観に近い印象になるが、戦わずして地上で空しく失われた飛行機が非常に多かったことは確かなようである。米軍機の低空攻撃が巧みであったことも一因だが、駐機場が狭いうえに、掩体がなく、防空火力の弱いのが主因であった。どれほど優秀な飛行機と操縦者を配置しても、それに見合う優れた飛行場施設を備えていなければ、多くの飛行機が地上で犬死する結果を招いてしまうのであった。

最新機器を生かせない軍事部門の短所

レーダーで敵機の襲来を察知できるようになっても無線が通じず、折角の情報が役立たないことが多々あった。各分野がいびつな発展をしてきたため、最新の機器が導入されても、その能力を引き出す周辺機器の発展と普及が遅れていた。戦後レーダーがなかったために負けたと極言する意見があるが、それ以上にあらゆる場で使用される通信機器の低い性能の方が深刻で、とても近代戦ができるようなレベルではなかった。そのためレーダーが設置されても、宝の持ち腐れになるだけであった。軍事部門だ

図8　米軍機のトラック島空襲

けが突出した日本社会のゆがんだ構造をもろに暴露し、広く社会に普及していてもおかしくないものが日本には少ないといった例があった。

昭和十八年八月までにニューギニアの飛行場に展開した数百機の陸軍機は、十七日から三日間にわたる爆撃でほぼ全滅してしまった。第八方面軍の航空参謀が、陸上将兵の士気を鼓舞するためと称し、狭い三つの飛行場にむりやり押し込めたことが全滅の一因である。米軍は日本軍の飛行場に掩体がないことを見て、空中で爆弾を破裂させれば、一挙に多数の飛行機を破壊できると考えた。パラシュート爆弾が地上一〇から一五メートルで破裂すると、翼を連ねて並んでいた日本機を一度に四機、五機と焼き払った。ニューギニアにおける制空権は、これを境に完全に連合軍側に移り、以後の日本軍は航空援護のない島嶼戦を余儀なくされた。[17]

昭和十九年二月十七日にトラック島が米機動

部隊の空襲を受けた際、配備されたレーダーが三〇分以上前に敵機の接近を探知した。しかしその情報を飛行場に駐機する味方機に通報するシステムがなかったため、発進前に攻撃を受けて多くが地上で破壊された。レーダーがないから不利になったという戦後日本人の思い込みは、あまりに皮相的すぎる。最新兵器といえども、性能を生かす条件、環境が整っていなければ何の役にも立たず、むしろその方が重大な意味をもっていた。

こうした現象は、明治維新以来、近代化を急ぎすぎ、軍事部門だけが突出したことが影響している。つまり軍事部門が無理をして背伸びをしすぎ、他分野との間に埋めようのない格差を生じてしまったことが問題であった。航空機や軍艦を揃えれば、一見して強そうに見えるが、それだけなら張り子の虎と何も変わらない。

ニューギニアにおける制空権を完全に失った昭和十八年八月半ば以降、ラバウルとニューギニア間の通航が著しく困難になった。ニューギニアの陸軍航空隊は、懸命の補充にもかかわらず急速に先細り状態になり、しだいに日本側の島嶼戦は飛行機のない戦いへと変わっていった。陸軍航空隊が急速に弱体化したあと、ラバウルの海軍航空隊がその穴を補ったが、それも十九年二月まであった。

制空権を失った戦場の現実

航空機の援護のない島嶼戦がどのようになるか、東部ニューギニアの第十八軍の状況がよく物語る。昼間は常に敵機の監視と攻撃、敵艦艇の艦砲射撃に狙われ、夜間に行動するしかない。昼間に行動するときは敵機から見えないジャングルで、しかも艦砲射撃の届かない奥地を選ぶほかなくなる。制空権を失うと、陸地でも海上でも著しく行動が困難になった。これにともなってマッカーサーの作戦は大胆になり、飛び石作戦の前兆ともいえる日本軍の退路を断つ上陸作戦が相次いで行われた(18)。

ニューギニアを主戦場とする南西太平洋方面での戦闘は、日本軍が最も忌避した消耗戦に発展し、日本の敗戦につながったといわれる。その原因は、航空機や弾薬を大量に消耗する基地航空戦が島嶼戦の主戦になったことにあり、この点について陸海軍に認識不足があったことは否めない。一定期間しか同じ海域に留まることができない空母機動部隊に対して、いつでも、必要ならいつまでも大型爆撃機でも小型戦闘機でも発進させることができる地上の飛行場を基地とする作戦は、大小航空機を繰り返し発進させ、長期間にわたって大量の航空燃料、武器弾薬を消費するため、消耗戦に発展する要素を孕んでいた。これが基地航空戦の本質である。日米戦が基地航空戦になることを予感していた井上成美も、消耗戦になることまで見抜いていたとは思えない。

消耗戦の鍵は、本国の生産力と輸送力にあり、戦後、日本の敗因を生産力に求める論調もそこを衝いたものであろう。輸送力の欠如は、戦後、補給の軽視へと言い換えられたが、短絡的に結びつけていいものかどうか。開戦前、井上や富岡定俊らを例外として、大半の海軍軍人は、太平洋における戦いは艦隊決戦の形態を取ると予想し、島嶼戦を予想しなかった。海軍は、海戦で艦隊の武器弾薬がなくなったら根拠地に戻ればよいと考えがちで、補給問題がそれほど重大と考えなかった。

日本の能力を遥かに超えた基地航空戦

島嶼戦が本格化し、ラバウルやカビエン等の海軍航空隊が連日激しい航空戦を演じるようになり、たちまち補給問題が重大化した。さらに周辺の島嶼部に陸海軍の陸上部隊と陸軍航空隊を配備したことが、補給問題を一層重大化させたことは当然である。今日にいたるまで、航空戦が補給戦であり消耗戦であるという理解が、日本では欠如している。

六、七十機の重爆・軽爆が出撃すると、単純に計算して五〇トン以上の爆弾、一〇〇トン近い燃料、その他に大量の銃弾を搭載していく。出撃を終えて帰還すると、部品の交換が行われ、古くなった大量の部品が廃棄される。燃料が注入され、再び銃弾、爆弾の搭載が行われ、準備が整うと出撃していく。これが半年、一年以上も繰り返されるわけで、膨大な弾薬、燃料等が消費されていくことになる。これに加え、一飛行場といえども、飛行機の整備修理、施設の拡大整備、通信・気象・情報、防空、医務防疫、諸資材工作、食糧生活材料管理、経理人事等の諸部門を備え、各部門も任務遂行のために大量かつ多様な物資を消費した。

地上部隊や艦隊の攻撃対象は限られるが、航空隊はあらゆる敵を攻撃するため、それだけでも武器弾薬の消耗が激しくなる傾向を有していた。それだけに飛行場を基地とする航空隊が作戦を継続していくには、安定した補給が欠かせないわけで、輸送能力が基地航空戦の鍵を握ることになった。日本が基地航空戦で劣勢になった原因の一つは輸送能力の弱体にあるが、航空隊の出撃が海面に突き出した氷山の一角のようなものだとすれば、残りの九割を占める輸送をはじめとするあらゆる分野の準備と実行する能力に欠けていたことになる。

基地航空隊によって制空権を確保し、それと同時に制海権を確立していく島嶼戦では、この両権獲得のために補給をはじめとする関連する分野の重要性が高まったが、それを克服するには日本が考える以上に大きな努力が必要であった。基地航空戦が日本の能力を越えたものであったとすれば、また島嶼戦も日本の能力を越えたものということになる。島嶼戦の遂行には裾野の広い諸分野を総合する能力が必要であったが、高い専門性にすぐれた人材を育てることに努めてきた日本ではおろそかにされた能力であった。それがこの戦いを著しく不利にした原因であったとすれば、教育の欠陥とからめて議論する必要があるようだ。

戦後、補給軽視、科学技術の軽視、低い生産力が敗因であると指摘されてきたが、あまりに皮相的で単純すぎる。戦後の日本では統帥権がなくなり、自衛隊の中に参謀本部や軍令部に匹敵する機関は存在しない。統帥権体制を敗因と認識した人たちがいて、大っぴらにしないで今日の体制に変えたのであろうか。軍事部門の突出を徹底して抑えた戦後の発展も、やはり戦争から学んだものであろうか。敗因の核心部分については、こっそりと戦後の新体制への教訓として生かし、生産力だの科学技術だのと枝葉の部分だけを国民に自由に議論させてきたように思えてならない。

5　新米機動部隊の登場は島嶼戦にとって代わったか

期待を集めたニミッツの北上ルート

山本五十六が発案した機動部隊の運用法は、米海軍によって完成された。米国が建設した新鋭空母群の圧倒的航空戦力によって、独自の対日攻勢作戦が登場した。昭和十八年十一月末、ニミッツ軍がギルバート諸島のマキン・タラワに対する上陸作戦を開始し、海軍と海兵隊による中部太平洋進攻が本格化した。中部太平洋を日本に向かって北上する新たな攻勢ルートが出現したのである。米統合参謀本部も新たな反攻作戦について、ニミッツ軍を主戦力とし、マッカーサー軍はその側面を担うとした。実績の少ない空母機動部隊を主戦力とするのは思い切った方針である。

これまで一年近く南西太平洋方面軍だけで日本軍との戦いを担ってきたマッカーサーにすれば、本国の決定に不満をもつのは当然で、この新方針に猛烈に反対した。しかし統合参謀本部は、ヨーロッパ戦線から陸軍兵力の移動ができない状況下では、マッカーサーの南西太平洋方面軍への増強には限界があり、ニミッツの太平洋艦隊と海兵隊による中部太平洋進攻作戦に期待せざるをえなかった[19]。

しかしこの米本国の決定によって、基地航空隊による島伝い進攻作戦が意義を失ったとみなし、ニミッツの作戦に焦点を合わせさえすればいいのだろうか。戦後に執筆された太平洋戦争史のほとんどは、マキン・タラワ島の攻略戦からニミッツの太平洋方面軍の作戦に焦点を合わせて、マッカーサーの戦いを脇役として簡単に触れるだけである。

昭和十九年一月二十三日にニミッツがキング海軍作戦部長に提出した作戦計画〈グラニット〈GRANITE〉計画〉は、マーシャル諸島攻略→トラック諸島攻撃か攻略→マリアナ諸島攻略→フィリピンか中国本土沿岸、という内容で、マッカーサーのニューギニアからフィリピンに進攻するレノ〈Reno〉計画とは完全に分離した計画で、マッカーサーをことさら無視しているかのようだ。この時点では、空母機動部隊と海兵隊だけで日本軍のいる島嶼を攻略する戦例は、前年に苦心して達成したマキン・タラワ攻略があるだけであった。両島攻略作戦は非常な苦労の末に目的を達成したが、それでも米海軍は己の能力に強い自信をもっていたことをうかがわせる。

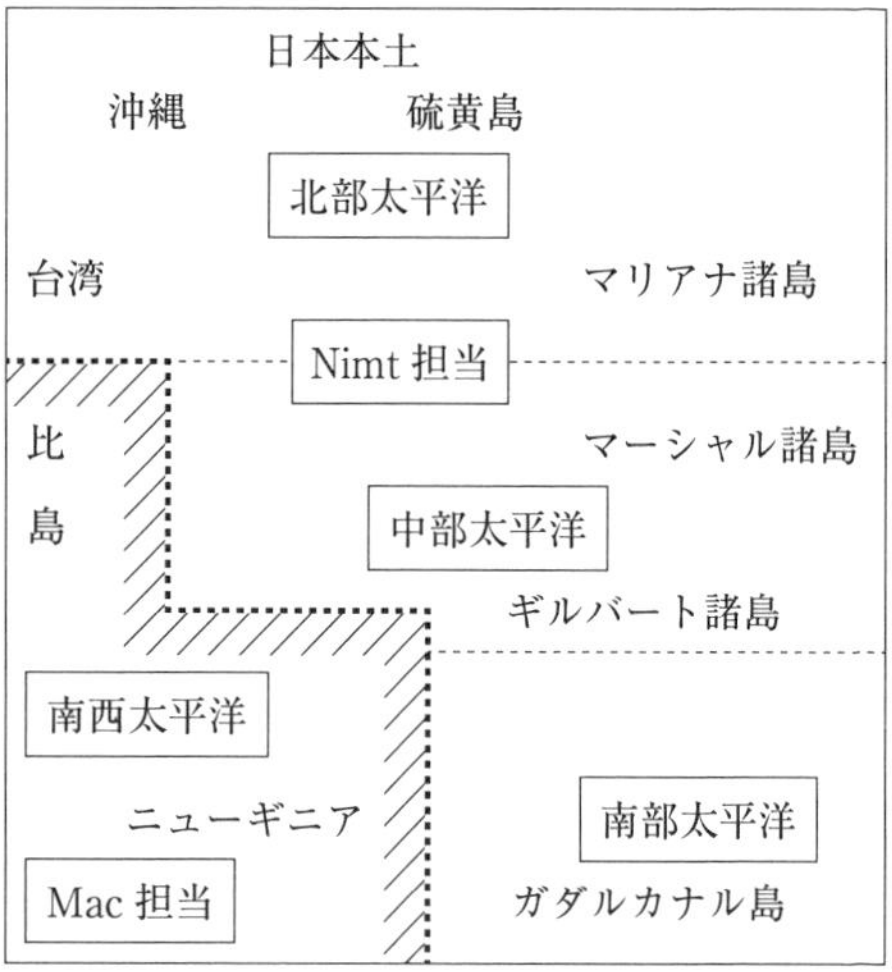

図9　マッカーサーとニミッツの分担

マッカーサーは、二月に参謀長のサザーランドをワシントンに派遣し、レノ作戦に全戦力を集中したい旨を主張させた。これに海軍作戦部長のキングは海軍の方が進攻速度が速いといって反論しているが、それを裏づける戦例が一つしかない時期に、よくこれだけの「強がり」ができたものだと驚かされる。(20)

マッカーサーとニミッツの二つの進攻ルート

三月十二日、マッカーサーもニミッツも、それぞれの作戦計画を譲らなかったため、統合参謀本部はやむなく二つの進攻計画を認める決定を行った。膨張につぐ膨張を続ける軍事力がピークに達し、訓練を経た新兵や新鋭兵器が続々と戦場に向かいつつあった時期だけに、統合参謀本部もあえて太平洋における二ルート作戦を容認したのであろう。マッカーサールートとニミッツルートの二ルートによる対日反攻方針が正式に決まったのはこのときといっても、マッカーサールートの反攻作戦は昭和十七年八月ごろから始まっており、新たにニミッツルートが加わったというのが正しい。

二つの進攻ルートが登場する源流は、昭和十七年三月三十日の米統合参謀本部による戦略的責任地域の設定にあるとみられる。太平洋戦域を太平洋地域、南西太平洋地域、南東太平洋地域の三つに分け、太平洋地域をさらに南部・中部・北部太平洋の三地域に分割し、同年四月十八日にマッカーサーを南西太平洋地域の司令官とし、ニミッツを太平洋地域全体の司令官とした。こうして決定されたマッカーサーとニミッツの担当地域を図に表すと、図9のようになる。[21]

米軍進攻に対する日本軍の見立て

昭和十九年になると、米軍の二つの対日反攻作戦は競争するかのように進撃速度を速めたが、日本側が二つの進撃路の存在を見抜いていたのかはっきりしない。対日反攻作戦の枠組みに関するものとはいえ、米軍がこれを内外に明らかにするはずもないが、米軍の動きを時系列的に追いかけると、自然に見えてくる。昭和十九年八月十九日、天皇臨席の最高戦争指導会議で「世界情勢判断及戦争指導大綱」が決定されたが、その一つである「世界情勢判断」で示された太平洋方面の判断に、

中部太平洋方面ノ敵ハ、随時我カ艦隊トノ決戦ヲ企図シツツ、「マリアナ」及西部「カロリン」ノ要衝ニ海空ノ基地ヲ推進シ、南太平洋方面ヨリノ進攻ニ策応シ、比島及南西諸島方面ヲ攻略シ、帝国本土ト南方地域トノ交通遮断ヲ企図スルナラン、右来攻ハ、概ネ十月頃迄ニ実現スルノ算大ナリ（傍線筆者）

とあって、「中部太平洋方面ノ敵」と「南太平洋方面ヨリノ進攻」の表現で二つの敵が存在することを認めている。マリアナ海戦、サイパン島やグアム島の失陥のあとだけに、さすがに前者が艦隊決戦を志向する米艦隊であることを特定し、南西太平洋軍がフィリピンおよび南西諸島を目指すとし、両者を区別できるようになっている。ただし後者の目的を日本本土と南方との交通遮断と推定しているのに対し

て、前者の目標を日本本土としていないのは、答えたくなかったためであろうか。

つぎに「今後採ルヘキ戦争指導ノ大綱」では、作戦を遂行する四つの地域として太平洋方面、南方重要地域、インド洋方面、支那を上げているが、緊急度あるいは優先順位をつけていない。太平洋方面について、「太平洋方面ニ於テハ来攻スル米軍主力ヲ撃滅ス」と、驚くほど簡潔明瞭な短文である。大綱がまとめられた昭和十九年八月の時点では、まだ米軍の本土進攻を認識していないように思える。

右の引用文で、傍線を引いた「米軍主力」が気になる。日本側が、米軍を主力とそうでないグループに分けていた証左だが、文面から見て主力が米太平洋艦隊であることはまちがいなく、また艦隊決戦思想が頭をもたげてきたとする見方もできよう。米軍の本土進攻がはっきりしはじめている時期に、これを特段重大視しない神経を正常と見ていいのか、どうしてもいえなかったためだろうか。

見立ての誤りが海軍の混乱に直結する

米軍の反攻が本格化した昭和十九年以降、とくに海軍の動きは、米軍の上陸作戦に翻弄されて太平洋を右に左にと混乱の度を深めていった。ニューギニアのホーランディアに来たと思えばマーシャルのルオットに来たとか、同じニューギニアのビアク島に来たと行動を起こせば、マリアナに現れたといって艦隊を大急ぎで回航したり、南西太平洋方面に来そうだといって基地航空隊をマリアナ諸島から大挙移動させたり、完全に振り回されっぱなしである。

このときまでの海軍は、米軍を一つに捉え、次は中部太平洋に来るか、あるいは南西太平洋方面に来るかと予想し、はずれたといっては大騒ぎをした。連合艦隊司令長官古賀峯一が行方不明になり、次の豊田副武《とよだそえむ》に決まるまでの一ヵ月間、第四艦隊司令長官高須四郎《たかすしろう》が代理をつとめ、彼は米軍が南西太平洋の目的地に進攻してくると信じ、マリアナ方面の基地航空隊を南西太平洋のセレベスやハルマヘラに移した。これがマリアナ沖海戦のさい、頼みの基地航空隊が沈黙する一因になった。

このときの高須の判断を検証すると、中部太平洋を進む米軍と南西太平洋を進む米軍の二つがあり、どちらが先に動くかという見方を微塵もしていない。一つの軍が南西方面に来るか、中部太平洋に来るかという見方であり、南西方面に来ると確信した高須は、マリアナ方面を開け放つことに躊躇しなかったのであろう。先の中央の「世界情勢判断」は、前線の司令長官にまで徹底されていなかったとしか思えない。米軍に二つのグループがあると考えれば、それぞれの行動、つまり二つの行動予想を立て、それぞれへの対策を打ち出せばよいことになる。実際には、米軍を一つと見たために、一つの予想に絞る作業に苦心惨憺し、それでも振り回される結果になった。

米軍に二つのグループがあり、中部太平洋方面と南太平洋方面から進攻してくると解釈すれば、太平洋の各地に展開している多くの航空機のもっと違った配備方法があったかもしれない。なぜ米軍に二つのグループがあり、二つの進攻作戦があるのか認識できなかったごとくだが、海軍軍人の常として敵はアメリカの海軍だけという思い込みが強く影響していたと考えられる。予想外の島嶼戦が起こったため、米陸軍という想定外の敵の出現をどうしても理解できなかったようだ。

日本軍が負った多大な犠牲

いずれにしても、ニミッツの機動部隊による作戦が本格化したあともマッカーサーの島嶼戦が継続し、これがために日本海軍を混乱させ、有効な対応策の実施を困難にした。東西ニューギニア戦およびブーゲンビル戦で、日本軍は推定二十一、二万の日本兵を失ったと見られている。続くフィリピン戦においては、四〇～五〇万と推定される犠牲者を出している。昭和十六～二十年の戦争における日本軍の全犠牲者の三分の一は、ニューギニア・ソロモンからフィリピンに至る島嶼戦が占めたことになる。日本軍の犠牲者数だけをみると、ニミッツの戦場と比べて、マッカーサーの島嶼戦において三倍以上の兵を失った計算になる。だが何といっても、八〇〇〇機以上もの飛行機を失う消耗戦に引きずり込まれたことが、日本の敗戦につながったことは否定できず、島嶼戦の意義を著しく高めている。

島嶼戦で日本軍が失ったのは陸軍の精鋭部隊であり、陸軍航空部隊の大半、海軍航空部隊もそれに近い割合になるとみられ、それは紛れもなく日本軍の中核的戦力であった。島嶼戦へのレールを敷きながらこれを陸軍にまかせ、丸二年間のニューギニア戦において、海軍は消極的態度に終始し、航空隊だけの参加ですませた。続くフィリピン沖海戦に残った艦艇を総出動させたが、あまりに遅すぎた。フィリピン戦も島嶼戦だが、すでに優劣がはっきりしすぎており、艦隊を総出動させてもひっくり返せなかった。どうせ出撃させるのなら、優劣を決める戦いであったニューギニア戦に出していた方が、海軍が果たせる役割はずっと大きかったという見方はユニークすぎるだろうか。

国民受けしやすい海戦の華々しさ

このように島嶼戦を辿ってくると、太平洋戦争に占める島嶼戦の意義がいかに大きかったかを知ることができよう。だが当時のアメリカ国内、戦後のアメリカおよび日本の受け取り方は、これと大きく違った。実態と歴史の格差と呼んでもいいであろう。

中部太平洋方面では、航空母艦から次々に飛び立った飛行機や戦艦の大砲が日本軍のいる島を攻撃し、上陸用舟艇が一斉に海浜を目指して殺到し、数日ならずして勝敗が決着する作戦様式が確立した。それはあたかも、アメリカ人好みの派手なショウかスペクタクルを思わせ、それを映し出すニュース映画に興奮し、海軍や海兵隊の活躍に関心が集中した。これに対して基地航空隊を中核として戦われる島嶼戦は、数週間、数ヵ月の戦果が積み重なって結果が出る地味な戦いで、画面になりにくかった。

マスコミを通じてイメージが形成されやすい現代の大衆社会では、米海軍・海兵隊の報道にしばしば衝撃が走った。そのため、中部太平洋方面で活動する海軍機動部隊や海兵隊には目が注がれるが、南西太平洋方面の戦いに従事する陸軍らへの関心は著しく低いという社会的現象を生ずることになった。こうしてアメリカ社会に定着していく太平洋戦争のイメージは、戦後の太平洋戦争史の形成にも大きな影響を及ぼした。

ニミッツルートとマッカーサールートの戦いを比較して、マッカーサールート上の島嶼戦が有する価値はすでに述べたとおりである。明治以来の日本の国家体制で島嶼戦を乗り切るのは困難であり、日本にとっても、島嶼戦が突きつけた問題は、体制の本質的修正を迫るほど深刻なものであった。そうであれば戦後に成立するはずの太平洋戦争史の中で、マッカーサールート上の島嶼戦は、少なくともニミッツルート上の戦い以上に扱われるべきであり、一歩さがったとしても同程度の扱いを受けるべき高い意義を有している。

だが戦後の日米の太平洋戦争史はどうなったか。ほとんどマッカーサールート上の島嶼戦を切り捨て、ニミッツルート上の戦いだけで構成されてきた。いわば戦争中の米国内のイメージで構成され、実際と大きくかけ離れた戦争史になってしまっている。

次章からは、こうしたイメージから生まれた太平洋戦争史と、これを批判し、マッカーサールート上の戦いに焦点を絞った太平洋戦争史を目指した動きとの対立、そこから見える戦後政治の一端を取り上げながら、太平洋戦争史および戦争の歴史評価について考えていく。

図II　GHQ本部の置かれた第一生命ビル

II

CI&Eの『太平洋戦争史』と「真相箱」

表Ⅱ　GHQの占領政策と『太平洋戦争史』・『真相箱』

昭和20年	9月2日	「ミズーリ」号上で降伏文書調印式
	9月10日	GHQ，言論及び新聞の自由に関する覚書を発表
	9月19日	GHQ，プレス・コードに関する覚書を発表
	9月22日	GHQ，ラジオ・コードに関する覚書を発表
	9～10月頃	GHQ企画課長にスミスが就任
	10月4日	GHQ，政治的・民事的・宗教的自由に対する制限撤廃の覚書を発表
	10月9日	GHQ，東京5大新聞の事前検閲を開始
	10月22日	GHQ，日本教育制度に対する管理政策(軍国主義的・超国家主義的教育の禁止)を発表
	10月前後	この頃，GHQ内部でG2とG3歴史課の対立が顕在化
	11月23日	ラジオ放送「真相はこうだ」の製作を開始
	12月	G2歴史課を設置し，戦史報告書編纂業務をG3歴史課から移管
	12月1日	CI&E局長ダイクら，「真相はこうだ」放送用録音を聴取
	12月8日	新聞連載「太平洋戦争史」を発表
	12月9日	「真相はこうだ」の放送を開始
	12月17日	「太平洋戦争史」第10回で連載終了
	12月31日	GHQ，修身・日本歴史及び地理の授業停止と教科書回収の覚書を発表
昭和21年	2月10日	「真相はこうだ」第10回で放送終了
	2月17日	ラジオ放送「真相箱」の放送を開始
	2月23日	フィリピン戦の戦犯として元フィリピン方面軍司令官山下奉文を処刑
	4月5日	単行本『太平洋戦争史』を出版
	5月	スミスが企画課長を辞任し帰国
	8月25日	単行本『真相箱』を出版
	12月4日	ラジオ放送「真相箱」第41回で打ち切り

一　「太平洋戦争史」の発表

GHQの指揮による新聞連載

敗戦の年である昭和二十年（一九四五）十二月八日、つまり開戦記念日に当たるこの日、全国の新聞に「連合軍司令部の記述せる太平洋戦争史」が掲載された。GHQが国内のすべての新聞社に掲載を命じて行われたもので、この記事を日本人に読ませることについて、GHQの強い意志をうかがわせる。

初日は満洲事変から「日本海軍に致命　珊瑚海、ミッドウェー海戦」までの一一年間の大戦にいたる事変と軍国主義の歴史、そして開戦と大戦の転換点を取り上げた見開き二頁を使う特集であった。日中戦争から書き出しが始まって、後半に「日本海軍に致命　珊瑚海、ミッドウェー海戦」を入れ、米海軍が戦ったこの両海戦によって、日本軍の軍事的膨張が食い止められたという構成になっており、日本軍の軍国主義を打破したのは米海軍であったことを暗示している。二日目（十二月九日）からは通常紙面に戻し、「太平洋戦争史　連合軍記述」とタイトルを簡略化し、字数も大幅に削減して連載された。

国民が初めて知る戦争の実態

昭和二十年十二月八日から十七日までの一〇日間、すなわち一〇回連載の「太平洋戦争史」は全国各紙に強制的に載せられた。日本人にとって初めて知る事実が盛り沢山であったばかりでなく、戦争に対して正反対の見方を突きつけられ、信念に近かった日本人の戦争観が根底から揺さぶられた。だが敗戦のショックだけでなく、食いつなぐことに精一杯であった当時の日本人に新聞を丹念に読む余裕などなく、新聞を読んだはずの世代に連載の感想を聞いても、記憶している人はほとんどないといってよい。

ここでは『朝日新聞』（西部本社地方版）に掲載された記事によって、「太平洋戦争史」を紹介することにしたい。連載の目的は、日本人が間違った戦争報道を信じ込まされていたこと、本当の戦争はこのような実情であったこと、日本人は間違った戦争指導を受けていたことを暴露し、まず日本人に正しい戦争の歴史を理解させ、日本国民の旧体制に対する愛着、忠誠心にくさびを打ち込み、世界秩序を壊し、アジア全域に迷惑をかけた事実を反省させることであった。

「太平洋戦争史」の構成

連載記事は、CI&E（民間情報教育局）が企画し、GHQ・G3のネイダープルム（William J. Niederpruem）大佐のグループによって編纂されたといわれ、共同通信社が翻訳して、完成原稿を同社を通じて全国各紙に配布したということになっている。しかしGHQ・G3は、この企画をGHQ内に通報した形跡がなく、CI&Eがアメリカ国内で編集したものを日本にもちこんだ可能性が高い。

初日が二頁、翌日から通常紙面という方針は、CI&E企画課と共同通信社とが打ち合わせのうえで決めた[22]。英文からの翻訳と思わせない完璧な日本語への仕上げ、写真の添付、見出しとデザインの統一は、共同通信社が社を挙げて取り組んだ。一〇日間に及ぶ連載記事の二回目以降の大見出しを引用すると以下のようになる。

第二回　十二月九日　追加発表までも嘘　ガ島夜戦が日本の侵攻終点
第三回　十二月十日　敗戦よそに独立の空手形　原住民懐柔の日本軍閥狂奔
第四回　十二月十一日　脅威の五八機動部隊　サイパン失陥に万事休す
第五回　十二月十二日　末路の予想に身震い　急転崩潰した東條の独裁
第六回　十二月十三日　レイテで十二万潰滅　海戦でも軍艦の撃沈破五十八隻
第七回　十二月十四日　狂気のマニラ破壊　比島ゲリラ隊が米軍と協力
第八回　十二月十五日　繰出した自殺船二百　沖縄島では米も最大の出血
第九回　十二月十六日　ナチ終焉　ソ連、日本と絶縁
第十回　十二月十七日　情勢遂に全く絶望　ミズーリ艦上で降伏の調印

近年、占領初期におけるGHQの名で行われた太平洋戦争に関する報道活動について研究が進んでいる。江藤淳氏は「マニラにおける山下裁判、横浜法廷で裁かれているB・C級戦犯容疑者のリストの発表と関連[23]」について、新聞連載との関連を考える必要があると指摘している。これとはまったく切り口が違うが、この一〇回の連載についても各紙によって微妙に違っていることを明らかにし[24]、報道上の都合でニュアンスが変えられた経緯について論述した三井愛子氏の研究もある。

出版された『太平洋戦争史』との相違

「太平洋戦争史」の連載から四ヵ月後の昭和二十一年（一九四六）四月五日、一七三頁に及ぶ単行本

表1　単行本『太平洋戦争史』目次

第一章	序言	第十一章	日本軍ニューギニアに進出
第二章	満洲事変	第十二章	戦機の大転換
第三章	日本の華北侵略—第二次世界大戦の序曲	第十三章	連合軍の対日猛攻
第四章	国内の政治的不安	第十四章	連合軍の攻勢益々熾烈化す
第五章	国際的火薬庫(1933-1935)	第十五章	東條首相の没落
第六章	国際的火薬庫(1935-1937)	第十六章	フィリピンの戦ひ(一)
第七章	日支事変	第十七章	フィリピンの戦ひ(二)
第八章	日本軍閥独裁制の発展	第十八章	硫黄島と沖縄
第九章	欧洲の危機は遂に大戦乱へ	第十九章	敗戦の年
第十章	太平洋に於ける戦ひ	第二十章	無条件降伏

である『太平洋戦争史』が高山書院から出版された。全国の学校や公共図書館に寄贈される一方、全国の書店でも発売された。これには「奉天事件より無条件降伏まで」の副題のほか、本題の下に括弧付きで「連合軍総司令部民間情報教育局資料提供」のことわりが付記されている。新聞記事を編集しなおしただけとすれば、奥付の編者にGHQ民間情報教育局の名を出せばよいと思われるが、あるのは訳者の中屋健弌氏の名だけである。新聞では一〇回連載であったから、単行本も一〇章構成になっていると考えがちだが、実際には二〇章構成になっている。

新聞連載と単行本との相違を明らかにするため、表1に単行本の目次を紹介することにしたい。

新聞と単行本の比較

両者を比較すると、単行本にある記事が新聞にない箇所が若干あること、逆に新聞の記述で単行本にない箇所もあること、地名や称号に若干の違いがあること等の相違がある。三井愛子氏は「新聞連載『太平洋戦争史』の比較調査」[25]において、両者の相違を丹念に分析し、単行本用の原稿が先にあり、これを適当に一〇回に分けて新聞に連載したのではないかと推測している。つまり単行本の二〇章を新聞連載用に一〇回構成とし、単行本用の原稿に変更を加え、新聞紙面に収まるように再構成したのではないかと。

単行本の各章の見出しは、新聞の方ではおおむね中見出しになっているが、表2のような例で見られるように両者には大きな違いがある。

見え隠れする日本海軍讃美

両者を比較してみると、単行本の穏当な表現に対し、新聞の方はかなり激しい表現、少々ヒステリックな表現をしている。新聞の見出しは、一般的に読者の注意を惹き、売上げを伸ばすためにヒステリック気味になる傾向があるが、不必要に過激な表現による読者への影響を懸念しないわけにはいかない。

両者を照らし合わせてみて、若干気になった点を取り上げてみると、単行本[26]では、日本海軍の軍縮体制からの離脱について「日本、海軍条約を拒否」と海軍を批判するかのような表現をしているが、新聞の方では海軍批判を押さえるためか全面削除され、海軍に対する特別な配慮を滲ませている。

次に単行本で「連合軍の攻勢益々熾烈化す」として陸海軍どちらともわからない表現になっているが、新聞では「脅威の五八機

表2 「太平洋戦争史」新聞連載と単行本の比較

単行本	新聞
日本の華北侵略	華北へ全面侵略
日本軍ニューギニアに進出	日本海軍に致命
連合軍の対日猛攻	敗戦よそに独立の空手形
連合軍の攻勢益々熾烈化す	脅威の五八機動部隊
東條首相の没落	末路の予想に身震い
フィリピンの戦ひ(一)	レイテで十二万潰滅
フィリピンの戦ひ(二)	狂気のマニラ破壊
硫黄島と沖縄	繰出した自殺船二百
敗戦の年	ナチ終焉
無条件降伏	情勢遂に全く絶望

動部隊」と米太平洋艦隊に特定した形に改められている。CI&Eの言動には、米海軍寄りであったことを思わせる言動がしばしば見られるが、この点については後述するとして、米海軍寄りの姿勢を背景に、米海軍のライバルであった日本海軍の敢闘を讃えようとする意図がうかがえるというのは勘ぐりすぎだろうか。こうした傾向が強いものの、単行本に「日本軍ニューギニアに進出」とありながら、新聞では「日本海軍に致命」に変わっている例がある。新聞も単行本も陸軍が従事したニューギニア戦についてわずかな記述しかなく、大半は海軍の敗退を概述したもので、両者を比較すると新聞の方が客観的表現につとめた跡が散見される。

アメリカの宣伝計画の中味

「太平洋戦争史」連載の経緯は、江藤淳氏によって細部にいたるまで明らかにされている[27]。同氏によれば、CI&E（民間情報教育局）が準備し、GHQ・G3（参謀部第三部）の戦史官の校閲を経て、前述のように共同通信社が翻訳して掲載させたものであった。実際に筆を執ったのはCI&Eブラッドホード・スミス企画課長と課員のベアストック大尉であったとしている[28]。

GHQ文書（BROADCASTING IN JAPAN. 1946. 2）を調査した竹山昭子氏によれば、スミス課長の執筆は、最初資料不足で遅れていたが、資料の到着によって作業が進展した。資料が送られてきたのは、おそらく米ワシントンのOWI（戦時情報局）あたりからであろうと推測している。

前述のようにGHQ内において原稿をチェックしたのはネイダープル陸軍大佐だが、彼はGHQ・G3歴史課長の職にあった。執筆者のスミス課長は、コロンビア大学出身で、戦前、東京帝国大学や立教大学で英語の教鞭を執った経験があり、戦時中はＯＷＩの太平洋地域の責任者であった[29]。彼がいつワシントンのＯＷＩから東京のＧＨＱに転属になったかは明らかでない。多分、ＧＨＱあるいは米軍部隊の日本進駐直後の九月か十月のことで、"War Guilt Information Program"（「戦争についての罪悪感を日本人の心に植えつけるための宣伝計画」）の実施のために、ワシントンから派遣されてきたのであろう。したがって、ワシントンを発つ前におおよその内容が固まっていたとみられ、日本ではどのような方法で日本人に読ませるか、日本国内に浸透させるか、といった方法論が主に議論された。

一読してみると、開戦後の内容は米海軍すなわち米太平洋艦隊の太平洋戦争史であり、第六・七回でマッカーサーのフィリピンを取り上げているものの、フィリピン戦の記述というより、日本軍の残虐性を暴露することを意図して書き上げられたとしか思えない。マッカーサーの南西太平洋方面軍の作戦については、第二回のガ島戦に付け足した形で数行記述されているポートモレスビー作戦と、第三回の一項である「ラバウルの孤立」だけで、ほとんどそぎ落としに等しい扱いである。

ＣＩ＆Ｅが海軍寄りであったことは否定できないが、マニラからやってきたマッカーサーの幕僚等が、どうして海軍偏重の記述を見逃したのか理解に苦しむ。ＣＩ＆Ｅのプロジェクトがワシントンにつながるもので、ＧＨＱとしては各新聞社やＮＨＫに対して新聞連載や放送を命じるだけで、その内容についてチェックできなかっただけでなく、修正の必要を感じても、どこをどう直してよいのか見当がつかなかったのかもしれない。

ミッドウェー海戦による日本敗因論の形成

「戦局転換を来せる戦闘とその敗因」「航空戦で勝敗を決したミッドウェー海戦」「ミッドウェー海戦における我損害」によって、ミッドウェー海戦が太平洋戦争の転換点であったことを日本人に教え込み、日本軍はこれから負けはじめたとする理解が日本国内に広がった。このミッドウェー海戦に対する評価は、米陸軍も是認したものなのか、さらにニューギニア戦で日本軍を打ち破ったことが連合軍の勝利を決定づけたと自負していた南西太平洋方面軍（SWPA）系の幕僚らも同意していたのか、こうした疑問を素通りし、日本では、この時点でほぼミッドウェー海戦による日本敗因論が定着してしまうのである。

艦船数や航空兵力の数字だけで考えると、開戦以来、優勢な立場を占めてきた日本海軍が、ミッドウェー海戦における敗北によって米海軍と平衡に近い力関係になり、これからが両海軍間の本当の戦いになったという見方もできないわけではない。山本五十六長官の連続攻勢主義が阻止され、連合軍側に反攻の機会がめぐってきたことは確かだが、フィリピンからオーストラリアに後退し南西太平洋方面軍の司令官になったマッカーサーにとってみれば、ニューギニア・ソロモン、オーストラリアにかかる日本軍の圧力に何の変化もなく、ミッドウェー海戦を転換点と称揚するのは米海軍の自画自賛であり、本当に苦しい山場の戦いは、これから始まるとする認識もあったはずである。

なぜ南西太平洋の戦いが欠落したのか

「太平洋戦争史」は、ニューギニアおよびガダルカナル島等のソロモン諸島における島嶼戦の記述をごく簡単に触れるだけに止め、「爆弾と砲弾の雨降るマーシャル群島」「彼我両軍必死、サイパン島の攻防戦」「火山灰赤く染む硫黄島」「沖縄本島遂に米軍の手中に」といったように、米太平洋方面軍の空母機動部隊が活躍する上陸作戦をすべて網羅し、これによって日本を打倒したといわんばかりの構成にしている。

もし南西太平洋方面軍総司令部（GHQ／SWPA）系のスタッフが執筆すれば、このような構成には絶対にならなかったといってよい。彼らの考えに立てば、自分たちが荊の道を乗り越えてきたニューギニア戦やフィリピン戦の島嶼戦を中心に置き、基地航空隊が活動する作戦を主体にした構成にするはずで、その場合には、自分たちの戦場が切り捨てられたように、マーシャル諸島や硫黄島の戦いなどを切り捨てたのではあるまいか。

CI&Eの編纂したこうした内容の戦争史がGHQの占領政策の一環として出された一事だけ見ても、GHQがマニラにあったマッカーサーの司令部を編成しなおしたものという単純な説明では割り切れないことを示している。言い換えると、昭和二十年四月三日、南西太平洋方面軍から米太平洋陸軍総司令部（GHQ／USAFPAC）に変わり、さらにそれが置かれたマニラから東京に移って連合国軍最高司令部（GHQ／SCAP）になったという単純な経緯ではないことを推測させる。GHQは、南西太平洋方面軍総司令部系のスタッフが主要なポストを占めているが、ワシントンの米政府に選ばれたスタッフが東京にやってきて各部署に配置され、各系統のスタッフが複合するか重層するかした組織であること、そしてワシントンからやってきたスタッフが重要な業務を握り、マッカーサーおよび南西太平洋方面軍系のスタッフがGHQを意のごとく操っていたわけではないことを示唆している。

米海軍の広報と海軍よりの世論形成

ワシントンから来たCI&Eのスタッフが「太平洋戦争史」を執筆したとすれば、ワシントンで浸透していた太平洋戦争のイメージを反映したものと見なければならない。少し油断すると、マッカーサーは海軍の戦功でも横取りしていってしまうので、そうならないように自分らが立てた戦功は声を大にして宣伝しなければならないと、警鐘をならした海軍軍人の回顧がある。(30) そうした懸念の有無に関係なく、米海軍には太平洋の戦いは自分たちが主役だという強いこだわりがあり(31)、マッカーサーが太平洋方面の最高司令官に就任しそうな動きに強硬に反対し、海軍の活躍をことさら大々的に吹聴することにつとめた。米海軍は、海軍と海兵隊による上陸作戦等の映像を米国内で盛んに流し、日本軍を次々と打ち破っているのは米海軍と海兵隊であるというイメージをアメリカ国民に植えつける努力を怠らなかった。とくに海兵隊は長い間存亡の危機に立たされてきたが、太平洋戦争において危機を脱しただけでなく、一大飛躍を遂げたといわれるが、その陰には太平洋における作戦をこれでもかと国民にアッピールし続ける努力があった。こうした米海軍や海兵隊の広報活動によって、ワシントンの空気が海軍・海兵隊贔屓あるいは海軍寄りになったことはいうまでもない。

未だ社会的評価の定まった戦争史がないときには、マスコミを通じて流されたニュースや映像で形成されたイメージが、歴史観・歴史像として一人歩きしてしまうことは珍しくない。米海軍・海兵隊の積極的な広報活動によって、機動部隊を発進した航空機の猛攻と海兵隊の上陸作戦によって島々に陣取る日本軍を打ち破る強烈なイメージが、ワシントンをはじめとする全米の国民に植えつけられた。執筆者であるスミス課長は生粋の軍人ではなく、GHQの職務についた間だけに制服と階級を与えられた民間人とみられるが、戦時情報局に所属し、当時ワシントンに浸透していた海軍や海兵隊が大活躍する「太平洋戦争」を実相と信じ、それをそのまま執筆に反映させたのではないかと想像される。

歴史家の手によらない史書への危惧

米陸海軍にしても、常識的にみれば、戦争が終わってまだ三、四ヵ月くらいでは、資料に裏づけられた客観的な太平洋戦争の歴史を編纂できないことぐらい十分に認識していた。第一に前線部隊から全部の報告書類が上がってこないだけでなく、機密資料の公開は何年、何十年と待たねばならない。いくら自由なアメリカといえども、戦争終結から半年も経たない間に公的資料を使って戦争史を編纂することは許されなかった。そうした状況下で、スミス課長も一般のアメリカ人と同様に、政府発表のほかに、新聞の見出しや記事、週刊・月刊雑誌の特集記事等のマスコミ報道を材料にして米国内に定着したイメージに沿い、これに肉付けした太平洋戦争史の概説を描いたのであろう。

まだ戦争の全容や背景が不明で、日本側の背景、行動の細部がまったく不明で、これを解明する日米双方の公的資料も利用できない段階にあり、そのうえ、陸海軍戦史の資料収集にも着手していない段階で、概史とはいえ「太平洋戦争史」を作り上げ、これを全日本人に知らしめようとする計画は、"War Guilt Information Program"の一環であるという理由で特別に正当化されたにしても、平和時の常識では許されない。なぜならスミスや周囲の関係者が、十分な裏付けもなく、長い年月にわたって築き上げられてきた近代歴史学の方法論を一切無視して書き上げた概史を、反論を許されない敗戦国の国民に強制的に「教え込んだ」ことは、勝者が自負する高い文明に泥を塗るようなものだからである。

概史にしても歴史的評価にしても、一時でも流布すると、あとで誤っていることが明らかになっても、これを覆すには非常な努力と長い年月を必要とする。戦争終了からわずか四ヵ月後、全容の解明にこれから取りかかろうという段階で、信頼に足る資料の裏付けが何もないまま書かれた概史が、いったん勝者の強制力によって流布されてしまうと、あとでこれが強制的に押しつけられたものだという批判が出ても、新しい概史が出ても、読者は関心を示さないだけでなく、自分の知っているものとは違うとして後発の概史に反発する例は珍しくない。

ＣＩ&ＥはＧＨＱのプロパガンダ部門の機関だが、ワシントンの戦時情報局と密接な関係を有していたことは周知の事実である。マッカーサーが指揮した南西太平洋方面軍の戦い、すなわち島嶼戦をざっくり切り捨てたこのような「太平洋戦争史」が、よくもこれだけ堂々と編集され、しかもＧＨＱの下で流されたものである。日本軍の戦いを否定するのであれば理解できるが、自国の軍がもう一方で進めてきた戦いを否定するのだから穏やかではない。島嶼戦の意義についてはすでに詳述したとおりであり、その戦績の大きさから見ても、むしろこちらの方に主体を置いても何らおかしいとは思われない。相手が味方であっても、先に書いた方の勝ちという競争原理が存在しているとすれば、適正な概史を求めることなど意味をもたない。

一九四三年までは、アイゼンハワーが率いるヨーロッパ戦線の米軍の活躍と、マッカーサーが率いる南西太平洋戦線の米軍の活躍とが、交互にマスコミを賑わした。他方、米海軍はソロモン海戦での活躍後は再建期に入り、ほぼ一年間、その存在がかすんでしまいそうなくらい停滞していた。四三年後半になって新空母機動部隊が編成され、十一月末から海兵隊を引き連れて中部太平洋の島々を席巻しながら北上を開始すると、それまでの借りを返すかのように大々的宣伝につとめ、ワシントンをはじめ全米に海軍が活躍するイメージが植えこまれた。

日本人の戦争観に与えた深刻な影響

ワシントンの目で編纂された戦争史は、マスコミの報道や部内で知りえたニュース等によって書き上げられたもので、そこには意図的な編集がなかったにしても、結果的には米海軍や海兵隊の思惑にワシントン政府や米国民が乗せられてしまったことを物語っている。その一方で、米国内で太平洋戦争史に関する骨組みすらも姿を現していない時期に、しかも米国で「太平洋戦争史」がまだ登場していないときに、敗戦国である日本の国民に対して、すべての新聞を通してCI&Eが編纂した米海軍および海兵隊の活躍に特化した「太平洋戦争史」が発表されたのである。戦前、戦中を通して日本人は、公共の広報手段である新聞に掲載された記事をほとんど疑問を抱かずに受け入れるようにしつけられ、一切の批判が許されなかった。戦中の軍部とGHQを同一視しては失礼だが、GHQも権力を使って歴史観を刷り込むという同じ方法を用いた。戦争直後の精神的動揺期に「太平洋戦争史」が日本社会に与えた影響は、広範囲であり、深刻であった。歴史学の手法による検証を経ない歴史観が、今日に至るまで日本人の太平洋戦争史観として固まり、これを再検討することができない状態にある。

二　「真相はこうだ」と「真相箱」

1　「真相はこうだ」の追い打ち

着目されたラジオ放送の効果

ＣＩ&Ｅは、「太平洋戦争史」を新聞に一度連載したくらいで、日本人の戦争史観が変わるとは考えなかった。繰り返し繰り返し日本人の意識の中にメッセージを送り続け、日本人の脳裏に定着しなければ、すぐ元に戻ってしまうのではないかと懸念した。

そこで次に行われたのが、新聞以上に伝達力の強いラジオ放送であった。最初からこの計画があったのか、あるいはＣＩ&Ｅが日本放送協会（ＮＨＫ）が入っていた東京放送会館を使用したために思いついた計画なのか、その辺の事情ははっきりしない。新聞には読む時間が必要であり、食べるために必死であった当時の日本人は、その時間さえ惜しんで働いた。だがラジオ放送には、仕事をしながらでも聞けるという便利さがあり、娯楽が著しく不足していた当時の社会状況の中では、放送を聞くことは大多数の国民にとって唯一ともいえる娯楽であった。ＧＨＱ側は、日本人の非識字率が極端に低い事実を知らず、非識字率が高いことを前提にラジオ放送の併用を考えたのではないかという推測もできる。聴取者を惹きつける放送内容であれば、その影響力は新聞よりもむしろ大きかった。

ＣＩ＆Ｅでは、スミス課長が執筆した「太平洋戦争史」に手を加えて、同ラジオ課のダムスガード中尉（Lt. B. Damsgaard）とフェレシナ中尉（Lt. E. Felesina）が放送用に編集しなおし、これを基にしてウォンスマー大尉（Capt. Wonsmer）とウィンド中尉（Lt. H. W. Wind）が放送用の脚本を編集した。

一人でも多くの日本人に聞かせる決意

昭和二十年（一九四五）十一月二十三日に最初の台本が完成し、翻訳されたものがＮＨＫに渡され、番組の製作が開始された。この経緯からみて、新聞連載用の「太平洋戦争史」の完成後、種々の修正が加えられ、放送準備が進められたのだろう。ＮＨＫが製作した放送用録音は、十二月一日にＣＩ＆Ｅ局長ダイク代将、タイムライフ社ローターバック記者、婦人運動家の加藤シヅエ、ＮＨＫの高橋報道部長によって試聴されている。当時はまだ業務用の長時間録音機の導入が始まったばかりのころで、製作はレコード盤録音に頼った可能性が大きい。なお「真相はこうだ」という衝撃的タイトルが命名された時日が明らかでないが、おそらく試聴時ではなかったかと推測される。

この日、放送方針が次のように決められた。

一、家庭用に日曜日午後八時～八時三〇分のゴールデンアワー

二、サラリーマンのために月曜日午後十二時三〇分～一時

三、生徒のために、学校放送の中で木曜日午前十一時三〇分～十二時

一週間に三回も同じものを放送する方針にしたことから、一人でも多くの日本人に聞かせる、聞き漏

図10　「真相はこうだ」のラジオ放送

らしをできるかぎり減らす、といったＣＩ＆Ｅの強い決意が伝わってくる。竹山氏によれば、最初の放送は新聞連載の一日遅れの十二月九日で、最終回は昭和二十一年（一九四六）二月十日であった。[32] この経緯からみて、「太平洋戦争史」の原稿が完成したあと、新聞連載担当者と放送担当者に渡され、それぞれの性格に合うように加工されたのではないかと考えられる。

「太平洋戦争史」の新聞連載開始から一日遅れで始まった「真相はこうだ」の放送は、最終回がずっと遅くなった。その理由は、右のように同じ放送を一週間に三回流して徹底をはかったので、新聞連載が一〇日間であれば、放送は一〇週間かかることになったためである。

新聞を読む者よりも、何かしながらでも自然に耳に入るラジオ放送を聞く者の方がずっと多かった。[33] 放送内容に拒絶反応を起こした日本人からの多数の抗議文がＮＨＫに寄せられた事実をみても、放送を聞いた日本人の方が、新聞の「太平洋戦争史」を読んだ者より多く、反応も強かったことをうかがわせる。聞き漏らしがないように日本人の生活スタイルを調べたうえで、曜日、時間帯を変えて三回も放送するというきめ細かい方針が、大きな反響をもたらした一因であった。

ＣＩ＆Ｅのプロジェクトである「太平洋戦争史」も「真相はこうだ」も、最終的にはＣＩ＆Ｅ局長のダイク代将の承認を経て報道された。「真相はこうだ」が完成したさいも、ダイクは真っ先に試聴したと伝えられている。ダイクは、スミスと同じコロンビア大学出身で、第一次世界大戦後、企業の広告・広報を担当して成功し、ＮＢＣの販売部長兼広報調査担当取締役までのぼり、太平洋戦争が始まるとＯＷＩに勤務したあと、一九四三年から南西太平洋方面軍司令部に配属になっている。したがって南西太平洋方面軍司令部系統の一員か、それに近い人物と見なすのが自然であろう。それならば、ダイクが南西太平洋方面軍の作戦を切り捨てた「太平洋戦争史」をどうして見過ごしたのか疑問が残る。この疑問を解く一つのヒントは、プロジェクトがまだ終わらない昭和二十一年五月にダイクは突然局長を辞任し、帰国させられた事実である。

ドラマ仕立ての聞き手を引き込む構成

「真相はこうだ」は「太平洋戦争史」をベースにしているから、内容の骨子は同じと理解されている。だがＮＨＫに唯一保存されている放送の一部を聞くと、テーマは同じでも、放送用の「真相はこうだ」はまったく別物に聞こえる。新聞連載の「太平洋戦争史」をアナウンサーがただ読み上げるのではなく、これを原作として脚本を起こし、飛行機の爆音・砲爆撃音や人が叫ぶ声などの効果音を取り入れ、音楽で盛り上げる雰囲気づくりの中で、アナウンサーのナレーションが入るといったドラマ仕立ての内容になっているため、聴取者は耳をそばだてずにはおかなかったにちがいない。平易な新聞記事と違って、立体的で彫りの深い内容と聞き手を引き込む構成は、日本人に強烈な衝撃を与えたのではないかと推察される。

「真相はこうだ」でも、南西太平洋方面軍の戦いはほとんど触れられていない。いったい新聞の「太平洋戦争史」や「真相はこうだ」の内容について、南西太平洋方面軍系でマッカーサーに強い忠誠心を抱いていたスタッフがこれを知ったのはいつごろだったのであろうか。ダイクが更迭された五月には放送が終わっていたから、放送が終わる二月十日までは、まったく問題にならなかったと考えられる。薄々は知れ渡っていたにしても、新聞連載や放送の目的が別のところにあったとすれば、批判しにくい空気があったのかもしれない。

“War Guilt Information Program”に基づく新聞連載と放送の目的の一つは、日本軍の残虐行為を暴露し糾弾することにあった。そのためなら、米海軍が攻略した住民の少ない珊瑚礁の島々より、住民の人口がはるかに多い南西太平洋方面の大きな島々の方が、日本軍による軍政期間も長く、駐屯兵力もずっと多かったから住民との摩擦も頻発し、日本軍を糾弾できる材料はいくらでもころがっていたはずである。CI&Eが南西太平洋方面を取り上げず、米海軍や海兵隊の活躍に偏重する姿勢をとったことが理解できない。おそらく対立する二つの目的のために、こうした矛盾が生じたのであろう。

戦勝国といえども、太平洋全域を舞台にした戦いを客観的に概説できるようになるまでには相当の時間が必要であり、終戦から三ヵ月余の時点ではダイクにも、南西太平洋方面軍系統の他のスタッフたちも戦争を概観できる準備ができていなかった。そのためCI&Eのシナリオを見ても、特別の感想をもてなかったのかもしれない。だが時日が経過すると、自分らのことが取り上げられていないことに気付き、ことに南西太平洋方面軍系のスタッフらから、どうして自分らのニューギニア戦やフィリピン戦の記述がないのか、なぜ米海軍や海兵隊の記述ばかりなのか、といった素朴な疑問と非難が徐々に出始めたのではないかと推察される。とくにダイクに非難が集中しはじめたのは、昭和二十一年の三月から四月であったとみられる。

日本の軍国主義排除が主目的

基本となるべき太平洋戦争史に対する概史ができていない時点では、南西太平洋方面軍系のスタッフも手をこまねくばかりであったと思われる。南西太平洋方面で戦い詰めであった生粋の軍人たちには、大局的な視点に立つ概史など書けなかったから、自分たちのことも書いてほしいと頼むのが精一杯のところであった。

南西太平洋方面軍系のスタッフにとって困るのは、どのような内容でも、新知識として聴取者に吸収されてしまうことである。不適切な強調が行われ、事実の客観化にほど遠い内容でも、大手新聞の記事や放送局の解説に対して疑うことを知らないのは、日米両国民とも同じであった。当時唯一のラジオ放送であったＮＨＫの放送番組を使い、聞き逃しがないように三回も時間帯を変えて放送した結果は、ＣＩ＆Ｅの予想をはるかに超えた衝撃を日本国民の間に与え、戦後の日本人の太平洋戦争史観をほぼ固めた。

「真相はこうだ」が敗戦直後の日本人に与えた大きな衝撃こそ、アメリカ側が期待した成果であり、日本人の誇りを壊し、自信を喪失させ、いじけた精神状態になっても、戦争を起こす原動力になった軍国主義的精神や好戦的言動を押しつぶすことができればよかった。だがこの成果は、米海軍の戦績を称讃し、南西太平洋方面軍の戦績を犠牲にした上に成り立っているように見えてならない。

2 「真相箱」の製作

ラジオ放送の新企画

放送を大成功と受け止めたCI&Eは、さらに新しい企画を加えることにした。放送が行われるたびに、NHKに寄せられる多くの投書に気をよくし、この投書を使って、新しい番組ができないかと考えた。そこで戦争の経緯や実態、日本および日本軍が海外でこれまで何を行ってきたかについて、日本人の質問に回答するQ&A方式によって日本人の疑問を掘り起こし、これまで信じ込まされてきたものが捏造であったり歪曲であったことを納得させ、国民の末端まで軍国主義に対する反省を広げることを期待した。この手法は、組織論的には水平型コミュニケーションと呼ばれるもので、けっして押しつけない限りにおいて、自然体で説明に耳を傾けさせるだけでなく、自らの意志で疑問を解決する意欲を醸成できるのではないかと考えられた(34)。

こうして新たに立案されたのが「真相箱」である。「真相はこうだ」が終わった一週間後の昭和二十一年二月十七日から開始され、四一週続いたのち、十二月四日（竹山前掲書は十一月二十九日）に突然終了した(35)。まだダイクがCI&E局長のポストにあった時期で、GHQ部内での批判が湧き起こる前であったため、実行に移せたのであろう。

出版された『真相箱』による検証

竹山氏によれば「質問に答える形の『双方向性』や、日本人の善行を紹介する『両面性』を盛り込ん」だのが『真相箱』の特徴であった。放送された内容については、同名の刊本によって明らかにできる。[36]「はしがき」によれば、本書は第一回から二十回までの放送分を集録したことになっている。昭和二十一年七月に刊本を発行するに際して、二〇回にわたって放送したものを、政治外交、海上作戦、陸上作戦、航空作戦、雑の五分野に編集しなおしているため、何回目に放送されたのかわからなくなっている。八月二十五日に刊本は発売されたが、「はしがき」と「奥付」をみると、編者を連合国軍最高司令部民間情報局、発行所を東京都麴町区有楽町の電気倶楽部会館内のコズモ出版社となっている。

「はしがき」のとおりであれば、二十一回目以降、四十一回目までが活字化されていないことになる。しかしNHKに残されている最終回の四十一回目を試聴してみると、その内容は、二十回目までに放送されたものから三つを選び出し、再編集したものになっている。したがって二十一回目以降の放送には、二十回目までにない新しいテーマが含まれていた可能性を否定しないものの、二十回目までの中から適宜に選んで再編集したものが多かったのではないかと推測される。

なお最終回の四十一回目の放送には、これが最終回であるというメッセージがなく、ナレーターの「ご質問があればNHKの真相箱係にお寄せください、それではまた次回」の挨拶で終わっている。したがって、これを放送した時点では、この連続番組を終了する予定になっていなかったことが明らかだ。終了は突然のことで、その理由は一切伏せられ、NHKも寝耳に水だったようだ。

第四十一回目での不自然な中止は、ダイクの更迭と絡んで、GHQ内における「真相箱」の内容に対する反発がますます強まり、打ち切りにいたった裏事情を暗示している。ダイクの更迭もそうだが、CI&Eには突発的な異変が多い。ワシントンとの関係が深く、GHQの中では異質な存在で、そのため、南西太平洋方面軍系のスタッフとの軋轢が多かったとみられる。「真相箱」の番組が続いている間に、刊本を発行できたのが不思議だが、昭和二十一年後半には、GHQ内でのCI&Eの活動は、教科書内容のチェックなどに徐々に狭められ、戦争史の編纂に関与することが困難になっていったらしい。

活字化された『真相箱』について、櫻井よしこ氏が『「真相箱」の呪縛を解く』[37]、保阪正康氏が『日本解体――「真相箱」に見るアメリカGHQの洗脳工作』[38]を発表し、この放送がもたらした影響が尋常でなかったことを指摘している。『真相箱』によって、櫻井氏は日本人がアメリカの呪縛に陥ったといい、保阪氏はアメリカに洗脳され精神的に解体されたと手厳しい。毎週三回ずつ時間帯を変えて放送し、この結果、戦後の日本人の意識を根本から変えたとして、その影響を非常に深刻であったとしている。

昭和二十一年八月刊行から逆算すると、同年二、三月ごろには原稿の原案が出来上がっていたはずで、まだCI&Eの活動が封じられる前であった。冊子体の方の目次構成は、前述したように、政治外交・海上作戦・陸上作戦・航空作戦・雑の五分野を編として構成され、それぞれの中はおおむね時代順に編集されている。

「海上作戦」「陸上作戦」「航空作戦」編は太平洋戦争中の作戦に限られているが、「政治外交」編には、「台湾、樺太、朝鮮の領有」、「対支二十一箇条の要求」、「日本を支配せる関東軍」といったように、明治時代、大正時代、昭和初期の日本の侵略的対外政策を選び出している。極東国際軍事裁判の開廷より早く世に出た冊子体の「政治外交」編は、時系列で見れば「東京裁判史観」の源流に当たるが、すでに米政府内で固まっていた対日政策に盛り込まれた歴史認識に基づいたものであった。

海軍善玉論の起源

「政治外交」編に収められた「海軍は戦争に反対であったか」は、CI&Eが活動する目的の一つが、日本海軍善玉論を前面に出し、日本陸軍悪玉論の定着であったことをうかがわせる。ワシントンが、日本の侵略戦争が陸軍によって主導され、海軍はむりやり引きずり込まれたとする認識に立っていたことは東京裁判でも明らかになるが、果たしてそれだけのことであったろうか。CI&Eが米海軍寄りの姿勢に立っていたことは再三述べてきたが、米海軍の活躍を讃えるには、どうしても良きライバルを必要とし、そのためには日本海軍にその役割を引き受けてもらわなければならなかった。

また項目の一つである「日本歴史」は、教育勅語から始めて、「日本の歴史教育は、吾々を戦場に狩りたてる一手段でした。吾々はこの教育のおかげで、自己を正当視しつゝ、戦場に出かけたのであります」と、学校における歴史教育が戦争を起こした原点であったとし、歴史教育を厳しく批判している。ラジオでの回答者を日本政府の専門家としたため、「吾々」というのは日本人を指している。CI&Eの主任務が学校教育の改革であっただけに、教育政策には人一倍厳しかったが、とくに歴史教育の見直しに重点を置いた。この項目は、戦前の日本の教育政策の目的と方法を明らかにし、根本から変えていこうとするアメリカ政府、CI&Eの決意を暗に述べたものとして捉えることができる。

戦後の日本人の中で、東京裁判の公判記録や判決文をリアルタイムで読んでいた者はどれだけいただろうか。難解な裁判での陳述も判決文も、強い浸透力をもっていたとは思えない。これに対して「真相はこうだ」も「真相箱」も、マスメディアの能力を目一杯活用し、ほとんどすべての日本人に繰り返し語りかけたことによって、文字どおり日本人を洗脳した。櫻井よしこ氏や保阪正康氏が、大袈裟な表現でその意義を指弾したのも故なしとしない。「東京裁判史観」なる語が流通しだすのは、日本経済が高度成長を遂げ、日本人が経済的に強い自信をもつようになった一九七〇年代からだといわれるが、歴史的に見れば、「太平洋戦争史」から始まり「真相はこうだ」「真相箱」を通じてアメリカが考える歴史観が日本社会に植えつけられたという方が実際に近い。

日本人は太平洋戦争をどう振り返るのか

このように「真相はこうだ」および「真相箱」の影響の大きさが理解できれば、そろそろ本書の目的である太平洋戦争史の形成過程に話題を転じていいだろう。「政治外交」編の最後に近い「日本敗因の実相」では、日本の敗因として、生産力、科学技術力、硬直した戦略戦術、航空機の能力等を挙げ、最後に敗退した珊瑚海やミッドウェーの海戦を事例として、大本営発表がいかにでたらめであったか、各海戦での米側の実際の損害数を紹介し、国家の発表を信じてトラウマになっている日本国民の目をひらかせる意識改革の必要性を示唆している。

『真相箱』に示された日本の敗因

「日本敗因の実相」は日本の敗因を総論的に述べたもので、冊子体の編者はこれを意識しながら、陸海空の各編へと進めていく方法を考え出したと思われる。最初はなぜか陸上の戦いでなく、海上の戦い

表3　海上作戦

No.	項目の内容	No.	項目の内容
1	太平洋戦争の展望	14	巡洋艦鳥海もまた撃沈さる
2	真珠湾攻撃と米軍の損害	15	敗戦また敗戦のレイテ湾
3	真珠湾の特殊潜航艇	16	世界に誇る戦艦武蔵の沈没
4	真珠湾で撃沈された米艦	17	敵機の殺到に巨艦大和遂に海底へ
5	潜水艦イ二十五号の活躍	18	我戦艦群は何処で沈んだか
6	真珠湾攻撃直後の我海軍	19	我航空母艦群は何処で沈んだか
7	爆雷に不覚をとつた捕虜第一号	20	日本商船隊潰ゆ
8	補給路を遮断されキスカ撤退	21	航空母艦群と陸奥謎の爆沈
9	戦局転換を来せる戦闘とその敗因	22	不敗の我連合艦隊遂に全滅
10	航空戦で勝敗を決したミッドウェー海戦	23	アメリカの海軍力
		24	アメリカの商船隊
11	ミッドウェー海戦における我損害	25	太平洋における米潜水艦の活躍
12	アメリカ潜水艦の東京湾侵入	26	我海軍の新兵器
13	思出多き我艦艇の運命	27	日米撃沈艦数の比較

［解説］　真珠湾攻撃関係に6項目も割いているが，珊瑚海海戦，3次にわたるソロモン海戦や南太平洋海戦，日本の機動部隊が事実上壊滅したマリアナ沖海戦について，取り上げられていない。No. 19でマリアナ沖海戦で沈没した空母「大鳳」に触れているが，ヤップ島沖で米潜水艦により撃沈されたとあるのみである。No. 12の米潜水艦の東京湾侵入については，日本海軍が編者であれば不名誉な事件を採録するはずもなく，これだけでも編者が米側にあることが丸見えである。いずれにしてもまだ各海戦の評価ができていないため，これらを取り上げることができなかったのだろう。

海陸空の中では最も充実しているが，まだ調査研究に着手したばかりで，概要を固めるだけでも相当の調査研究を必要とするとの印象を受ける。

表4　陸上作戦

No.	項目の内容
1	香港陥落
2	マ元帥バタアンより濠洲へ
3	バタアン死の行進
4	二箇月余に及ぶムンダ攻略戦
5	アッツ，キスカ相次いで失陥
6	氷雪と悪天候に禍されたアリューシャン作戦
7	キスカ撤退後も米軍の爆撃つゞく
8	爆弾と砲弾の雨降るマーシャル群島
9	ニューギニア島サイドルの戦闘
10	彼我両軍必死，サイパン島の攻防戦
11	死の街と化したマニラ
12	米軍三方面より進撃，ルソンの争奪戦
13	火山灰赤く染む硫黄島
14	沖縄本島遂に米軍の手中に
15	ソヴィエットの参戦と作戦経過
16	日本軍ロケット砲の威力

［解説］　内容は文字どおり「陸上作戦」であって，陸軍の戦闘を扱ったわけではない。No. 2と3で開戦直後のフィリピン戦を取り上げ，わざわざマッカーサーの不名誉を日本人に知らせようというのだろうか。3から8，10・13・14はニミッツの米太平洋艦隊と海兵隊による島嶼奪取作戦である。マッカーサーの南西太平洋方面軍の戦いについては，9から11で取り上げているが，9はわずか11行，11・12は日本軍の残虐行為を糾弾するための内容で，マッカーサー軍の活躍を取り上げたものではない。内容を吟味すると，取り上げられているのは，ニミッツの艦隊とともに戦った海兵隊の戦闘ばかりで，マッカーサーの南西太平洋方面軍の戦いを正面から取り上げたものはないと言っても大過ない。

表5　航空作戦

No.	項目の内容
1	秘密裡に計画された初の日本空襲
2	日本初空襲の効果
3	日本機もアメリカ爆撃
4	風船爆弾の威力
5	レイテに散る我落下傘部隊
6	一千機，台湾へ空襲
7	我航空戦成果の一例
8	沖縄における奥山特別空挺部隊
9	沖縄沖の航空戦果
10	硫黄島と沖縄における毒ガス
11	B二九東京湾にも機雷投下
12	原子爆弾投下とアメリカの世論
13	日米秘密兵器の差異

［解説］　コンセプトがなく，最もまとまりがない。挿話にしかならない話題が多く，航空戦の中心軸が見つけられないままになっている。完全にアメリカ側の視点になってしまっているが，アメリカ側の視点に立っても重要でないものが多すぎる。戦争の全容がつかめず，資料が限られていた終戦直後という事情を考慮すれば仕方がないのかもしれない。空母艦載機の作戦については一応触れているが，南西太平洋方面軍の基地航空隊の活動がまったくないのは偏重も甚だしすぎる。それにしてもマニアックすぎるし，もっと厳しくいえば素人的好みが出すぎている。おそらくCI＆Eも，この内容のレベルがいかほどのものか理解できないから，採用してしまったのだろうが，教えられる日本人もいい迷惑であった。

から始め、次に陸上の戦い、最後に航空作戦という構成である。「海上作戦」編は二七項目、「陸上作戦」編は一六項目、「航空作戦」編は一三項目と、「海上作戦」編が半分近くを占めている。おおよその文字量を知る手がかりになる頁数についてみると、「海上作戦」編が五五頁、「陸上作戦」編が五五頁、「航空作戦」編が三四頁で、「陸上作戦」編の項目の説明は詳細で、長文のものが多い。以下に各作戦の項目について紹介する。

なお日本人聴取者の質問に、前述のように日本政府の専門家が回答するという設定だが、実際はいうまでもなくアメリカ側が執筆し、そのため主語の倒錯に陥りやすい内容になっている。項目中の「我」は日本人のことだが、ときどき矛盾する場合がある。

3　「真相箱」の問題点

きわめて危うい三次資料を利用

CI&Eは、『真相箱』の「はしがき」で質問に対する回答の作成に当たって利用した資料を紹介しているが、それによれば、

大本営発表、米国陸軍公式報告書、諜報報告書、朝日新聞、ニッポンタイムズ、タイム誌、ニューズウィーク誌

としている。

おそらく「真相箱」だけでなく、「太平洋戦争史」も「真相はこうだ」も、これと同類の資料を参照

して編集したことは疑いない。

このようなどこにでもある材料、言い方を変えれば、誰でもが目を通す三次資料程度のものを基に作成されていたわけで、大学生の卒業論文の方がずっとましである。歴史学上からみれば、厳しい資料批判に耐えられない資料を基に、興味の赴くままにテーマを設定し、論理の展開にも一貫性を欠き、学術的価値は甚だ低いレベルといわざるをえない。こんな材料で作成された記述やシナリオのために、戦後の日本人が精神的に打ちのめされ、洗脳されたとすれば、口惜しいかぎりである。だが終戦直後という時点を考えれば、これらが利用できる限度一杯のものであったし、CI&Eの狙いを達成するには十分なもので、むしろ根拠を明かす素直さに敬意を表したい。

「太平洋戦争史」や「真相箱」が執筆された昭和二十年あるいは二十一年の段階では、まだアメリカでさえ太平洋戦争関係の公文書類は公開されていない。また体験者の回想録さえも執筆される以前であったし、B29の爆撃成果等の調査研究に着手しようという準備段階で、それだけに太平洋戦争を歴史的に総括し概説するには無理な時点であった。

性急な戦史編纂は歴史教育の一環

日本占領が始まり、GHQの日本改革事業が歩みはじめた状況のもとで太平洋戦争史の概説を遅らすわけにはいかなかった。GHQにとって、日本人が米軍の占領に服し、敗戦のショックで茫然自失している今をおいて、これまで日本の行ってきたことを列挙し、日本の何が悪かったのかを考えさせ、反省させる好機はなかったのも確かなことである。そのために、資料不足や調査不足という条件の下で日本がしてきた戦争の歴史を編纂するには無理であることを承知のうえで、大急ぎで概史をまとめる作業に取り組んだのであろう。

戦史の編纂を軍人のみで行ってきた日本と異なり、歴史家に依頼する英国式伝統を受け継ぐアメリカも、「太平洋戦争史」「真相箱」では、海外にいることを理由に、スミスのような専門家でない者に託さざるをえなかった。結局、完成度の高い内容にはなりえなかった。歴史は信頼できる資料によって作られなければならないが、収集も整理もすべてが未着手の準備段階にあったこの時点では無理な要求であり、それでも強行すれば、あとで修復困難な反動がやってくることになりかねない。いまをおいて日本人に歴史教育を行う好機がないとするアメリカ側の認識にも一理あるが、無理をすればあとでアメリカが日本人に誤った歴史教育をしたと批判される責任を背負い込む危険性があった。

出来上がってみると、挿話が多いマニアックな内容になったうえに、お世辞にも高い水準とはいえなかったが、対日教育にはこれで十分と判断されたのであろう。だがマッカーサーの南西太平洋方面軍の作戦をできるかぎり小さく扱い、ニミッツの活躍をより多く取り上げ、ライバルの日本海軍を引き立てて善玉視する方針は、しっかり守り抜かれている。マッカーサーの南西太平洋方面軍の活躍が切り捨てられ、これと二年以上も渡り合った日本陸軍が引き立てられなかっただけでなく、悪玉視されてしまうのである。「真相箱」がもたらした実害といっていいかもしれない。

敗戦から三〇年後に登場した「東京裁判史観」なる語は、「太平洋戦争史」「真相箱」においてすでに明らかにされ、日本人の脳裏にたたき込まれたものを言い直したにすぎない。東京裁判はA級戦犯法廷として開戦にいたる経緯が裁かれたが、「太平洋戦争史」は開戦経緯だけでなく、日本の敗戦原因にも踏み込んでいる。つまりCI&Eのプロジェクトは、連合国の強い要請に基づく開戦責任の追及と、本来日本人の手で行うべき敗戦責任・原因の追及を同時に果たしており、陸軍には敗戦の責任も一身に負わねばならない取り扱いをしている。

「真相箱」の内容を一読して感ずるのは、米陸軍の活動については「米国陸軍公式報告書」を利用できたからいいにしても、米海軍の活躍は、どう考えても新聞の切り抜き記事を基に書かれ、そのために持ち上げすぎているとしか思えないことである。戦争中、アメリカの各紙は、昭和十九年（一九四四）初頭から怒濤のごとき大空母機動部隊の活躍を頻繁に報道した。そこにいたるまでの戦いを誰に頼ってきたかを忘れ、米海軍の活躍に偏った報道が紙面を飾っていた。

米国内の報道が海軍偏重を生む

ニューギニアやフィリピン全土でのマッカーサー軍の戦いは陸上の戦場としては広域で、一回や二回の戦闘では勝敗がつかないために戦況もわかりにくかった。これに比べ、小さな島に航空機や艦載砲が猛攻撃を加え、上陸用舟艇の大軍が海岸に殺到し、しばしの激戦ののちに島を奪取して星条旗が掲げられるニミッツ流の戦闘は、戦況が単純明瞭でしかも華もあり、それだけに報道しやすかった。記者は見たままを記事にしたが、それで十分であった。編集責任者はこのニュースのもつインパクトを評価し、購読者の関心を掘り起こす魅力を看取して、紙面の中でことさら大きく扱うか、目立つ扱いをした。

「太平洋戦争史」や「真相箱」の構成や編集に携わった人たちは、戦争中の米国内の戦争報道と無関係ではなかった。いや「太平洋戦争史」「真相箱」は、米国内の戦争報道を直接に反映したものであったというべきであろう。

戦争中、戦意昂揚も意図してアメリカ国民に対して行われた戦争報道を資料源として編纂された戦争史が、日本人に素直に受け入れられるはずもなく、激しい反発を招いたというのも驚くにあたらない(39)。この反発は、それまでに教え込まれた戦争史との大きな懸隔からくる当然の現象であるが、CI&Eはそのような反発を百も承知のうえでプロジェクトを進めた。新たな情報を繰り返し注入されるとしだいに慣れてくるという人間の心理を巧みに衝いて、日本人の反発などお構いなしに、利用できるマスメディアを駆使して日本国民に対して戦争史教育を展開したのである。

海上・陸上・航空の三作戦を見出しとする構成は、南西太平洋方面軍を意識し、陸・海・空の三戦力のバランスを考慮しているかのようにみえる。しかし前掲表5の［解説］でも触れたように、内容を吟味してみると、きわめて偏重したものであることがわかる。海上・陸上・航空の三作戦の見出しから、米海軍（米太平洋艦隊）・米陸軍（南西太平洋方面軍）・米陸海航空隊のそれぞれの戦いについて項目を立て、編集されているイメージを受けるが、内容を一読してみるとまったく違う。

島嶼戦が明らかにした日本軍の矛盾

島嶼戦という予期しない戦いになり、海軍と陸軍が入り交じって配備されたため、担当戦域を海軍と陸軍に分けられなくなった。日本軍の場合、前述したように統帥権のために統一司令部の設置ができず、そのため陸軍と海軍は別々の司令部を置いて行動しなければならず、非常にやりにくい戦いになった。

東部ニューギニア方面に置かれた第九艦隊などは、艦隊と呼ばれるような艦船はなく、地上要員ばかりというおかしな艦隊であった。それでもこの地域に戦いがあり、小規模とはいえ海軍部隊が配備されているならば、天皇の命令たる大本営海軍部の命令を受ける海軍としての受け皿を用意しなければならなかった。この地を担当する陸軍第十八軍が海軍の命令も受け取ることができればその必要もなかったが、それが許されないのが統帥権体制であったのである。

天皇の統帥を陸軍と海軍が対等に補弼する体制を築いたばかりに、このような無駄をしなければならなかった。一緒に戦えないことから、ソロモン諸島は海軍の、ニューギニアは陸軍の主戦場とする協定まで取り交わしている。強大な敵に対しては、味方戦力の一体化が至上命令であったが、陸海軍内では制度の厳格な履行の方が重要視され、戦力を分散して脆弱になっても、制度に則り陸軍と海軍の担当区域を設定する道を選んだ。戦闘力をもたず、単なる命令受入窓口にすぎなかった第九艦隊は、昭和十九年五月に米軍がホーランディアのフンボルト湾に上陸したさい、たちまち消滅する悲運に見舞われた。統帥権体制の犠牲者である。

現実的な米軍の組織

これに対して米軍では、規則・制度よりも経験・結果を重視し、現実に即した組織替えが比較的容易にできるということもあって、陸軍中心の南西太平洋方面軍、海軍中心の南太平洋・中部太平洋・北太平洋方面軍を置き、統一司令部の下に陸海空部隊を置くことができた。南西太平洋方面は陸軍大将（のち元帥）であるマッカーサーが総司令官に就任し、南・中部・北太平洋方面の方は、南太平洋方面の司令官を当初ゴームレー、ついでハルゼーがつとめ、中部・北太平洋方面の司令官には海軍大将（のち元帥）で米海軍太平洋司令官であるニミッツが兼任した。ニューギニア戦を担当した南西太平洋方面軍について取り上げると、図11のようになる。

陸海空戦力を一元化し、統一指揮が可能な体制であったことは一目瞭然である。中部・北太平洋軍も隷下に米陸軍や米陸軍航空隊を入れ、一元的指揮ができる体制になっていた。これが戦力集中を実現する構造であったことは多言を要すまい。

南西太平洋方面軍総司令部
- （陸軍）豪陸軍，米第６軍
- （海軍）第７艦隊
- （航空）陸軍第５空軍，豪空軍

図11　南西太平洋方面軍の組織

確定された日米陸海軍の担当地域

このように日米軍の体制は大きく異なっていたが、共通点もあった。それは太平洋におけるどの方面にも陸軍・海軍の部隊が配置され、陸軍あるいは海軍それぞれ固有の戦場が存在しなかったにもかかわらず、中部太平洋方面を主に海軍の担当、南西太平洋方面を主に陸軍の担当としたことである。すなわち中部太平洋方面を、日本は連合艦隊、アメリカはニミッツ隷下の米太平洋艦隊に、南西太平洋方面を、日本は陸軍第八・第二方面軍、アメリカはマッカーサー麾下の南西太平洋方面軍に担当させた。

したがって中部太平洋方面の戦いは日米海軍が主体になり、南西太平洋方面の戦いは日米陸軍が主体になった。むろん、その中での陸海軍の関係は、両国間でまったく違っていたことは何度も述べたとおりである。ところが「真相箱」の目次は、「陸軍作戦」および「海軍作戦」としないで、「陸上作戦」および「海上作戦」としている。その理由は、「陸上作戦」といいながら陸軍の戦いでなく、中部太平洋方面の島嶼上における海兵隊の戦いを中心にまとめたため、「陸上作戦」と表現した。つまり海兵隊の戦いでは「陸軍作戦」と表現できず、苦肉の策として「陸上作戦」としたわけである。

マッカーサーとニミッツの分担地域を踏まえて「真相箱」の構成を検討してみよう。この企画が日本陸海軍の消長をテーマにし、日本政府の専門家が説明していることになっているが、実際の書き手が米軍人であるため、多くが米軍の戦いの説明になっているのは致し方あるまい。まず最初の「海上作戦」の項目が日米海軍の戦いや艦船の命運、両海軍の兵力表で占められ、ニミッツの担当地域における記述が大半を占めるのは、執筆者の知見と姿勢からして当然である。

また「航空作戦」については、マニアックな挿話が多く、とても太平洋における航空戦の戦いに回答しているとはいえず、駄作というほかない。日本人の手で書かれていれば、日本が誇れる唯一の飛行機であった零戦の活躍、また英戦艦「プリンス・オブ・ウェルズ」「レパレス」を基地航空隊だけで屠ったマレー沖海戦を取り上げたにちがいない。実際はアメリカ人が執筆しているため、アメリカ側の関心が強いドゥーリットルの本土空襲、まったく戦況に影響しなかった風船爆弾などを取り上げている。

それにしても勝敗にまったく関係しない話題、すなわち風船爆弾をはじめ毒ガス、秘密兵器、ロケット砲といったマニアックなことにこだわる構成について、歴史を書くという視点からみると、執筆者は明らかに素人で、戦争史の構成を立案する識見すら持ち合わせていなかったといわねばならない。

陸軍の戦いと異なる「陸上作戦」

最もおかしいと思われるのは「陸上作戦」である。予想に反して日米の陸軍が太平洋各地に展開したから、常識的には陸軍の作戦を取り上げられると考える。開戦当初のマッカーサーの比島脱出、反攻期のルソン戦の記述が若干あるものの、前述のように取り上げられているのは、ニミッツ麾下の海兵隊と若干の陸軍部隊による中部太平洋方面の作戦が大部分を占める。つまり陸上作戦と題してはいるが、陸軍の戦いを取り上げているわけではないのである。

特異なのは「米軍三方面より進撃、ルソンの争奪戦」で、マッカーサー軍の活躍を取り上げた唯一のものである。しかし内容は、日本軍の残虐行為に関する暴露記事で、米軍部隊の活躍に焦点が絞られているわけではない。「ニューギニア島のサイドルの戦闘」も南西太平洋方面軍の戦闘を扱ったものだが、わずか一一行の解説にすぎず、二年以上に及ぶニューギニア戦の中で、この戦いが意味するところにまったく触れず、年表に説明を書き加えたのと同じになっている。サイドルの戦闘は、ニューギニアにおいて常にオーストラリア軍の後塵を拝していた米陸軍が初めて単独で行った上陸作戦だが、借りてきた猫のようにおとなしかったために、フィニステール山脈を後退中の日本軍を逃してしまった作戦で、取り上げた理由が理解できない。

このように『真相箱』では、海上・陸上・航空各作戦に分類しながら、取り上げられた内容は、ニミッツ隷下の太平洋方面軍が関係した戦いばかりであるといっても差し支えないだろう。日本陸軍の精鋭の戦力を大きく減殺したばかりでなく、日本海軍の基地航空戦力の大半をたたき、獅子奮迅の活躍をした駆逐艦の多くを沈めた南西太平洋方面軍の作戦について、どうしてこれほど無関心でいられるのか、連合国軍最高司令官になったマッカーサー元帥が、戦争中、どのような活動をしてきたのか触れないでよかったのであろうか。南西太平洋方面軍の戦いの切り捨ては甚だしい歴史の歪曲になり、必ず批判の対象になると考えなかったのであろうか。筆者としては、当時マスコミの報道によってワシントンで信じられた「太平洋戦争史」がストレートに反映したもので、歴史の専門家でもない執筆者に客観的戦争史を望むのは、無い物ねだりに等しいと考えている。

これではニミッツ麾下の米海軍主体の太平洋方面軍だけで日本を打ち負かしたといわんばかりだが、この戦争史が定着してしまったのである。今日でさえ日米両国でそう考える人が大多数を占め、これに否定的な意見は顧みられない。逆にニミッツの太平洋方面軍を主体とした戦争史のどこが悪いのかと反論されるのが落ちだろう。

GHQはなぜ海軍偏重を許したのか

ニミッツの米海軍・海兵隊の戦いを中軸に据え、これが日本を負かしたという筋書きの「太平洋戦争史」や「真相箱」の原稿が上がってきたとき、マッカーサーが率いてきた南西太平洋方面軍司令部の延長線上にあるはずのGHQが、どうしてこれに承認を与えたのかという疑問がどうしても残る。マッカーサーは、しばしば「ワシントンからの至上命令」という表現を使って、彼でも従わざるをえない上位の命令者のあることを口にしている。(40) しかし「太平洋戦争史」や「真相箱」の全文がワシントンの命令であるはずはなく、CI&Eがワシントンの意向を受けながら独善的に作り上げたものと思われる。

考えられるのは、南西太平洋方面の戦場で戦いに明け暮れたマッカーサーの部下たちは、過去にあったことがそのまま歴史になるのではなく、筆をとる者が己の歴史認識に基づいて書くものであるという現実に気付かなかったことである。自分らとまったく違う歴史観、知識をもっていること、それに基づいて自分らには信じられない歴史を書く者がこの世に存在することを、理解していなかったのではないか。だからCI&Eが、まさか自分らを無視した歴史を書くなどとは露ほども思わなかったのではないだろうか。あとになって、「太平洋戦争史」「真相箱」の信じがたい内容に啞然としたはずである。

その結果、「真相箱」の突然の打ち切り、ダイクの更迭、「太平洋戦争史」を執筆し、『真相箱』の編集にも深く係わったGHQ・G3歴史課から戦史レポート・資料収集の仕事をG2に移す荒っぽい改革へと発展することになった。こうして南西太平洋方面軍系のスタッフたちは、激しい憤りをワシントンから来た新たな「敵」にぶつける反攻作戦を開始するのである。

フィリピン戦からレイテ戦が欠落した不可解

「真相箱」の内容で首をかしげたくなるのがフィリピン戦に関する記述で、昭和十九年十月から始まったフィリピン戦における天王山になったレイテ戦に一切触れていないことである。大戦中に大本営は数々の誤りを犯したが、その最大の一つが、現地司令官であった山下奉文《やましたともゆき》の強い反対を押し切り、ルソン島を決戦場とする既定方針を急遽変更してレイテ島を決戦場とするべく主力部隊を送り込んだことであろう。ルソンからレイテへの海上輸送中に貴重な戦力の多くが海没しただけでなく、無事にレイテに着いても、制空権喪失のもとで火力、機動力面の劣勢を覆すことができず、無益な消耗戦を強いられることになった。この結果、翌年、米軍がルソン島に上陸したときには対抗できる戦力がなく、山下は軍団を四つに分け、それぞれを山間部に散開させて持久戦を行わせるほかなかった。

フィリピン戦を扱うさいには、まずレイテ戦を取り上げなければ、優勝決定後の消化試合をテーマに書くようなものになってしまう。書き手がアメリカ人だから、日本側の内情がわからなかったのではないかという指摘が出るかもしれないが、そもそも相手のこともわからないうちに「戦争史」と称するものを出すのが暴挙なのである。アメリカ人としても、マッカーサーの“I shall return”を実現したレイテ島作戦成功は誇るべき戦績であるはずだが、一体どのような了見でこれを取り上げなかったのだろうか。最初から南西太平洋方面軍の活躍などCI&Eがマスターした太平洋戦争史に入っていなかったから、執筆項目にも選ばれるはずもなかったとしか考えられない。

山下奉文への作為的な責任転嫁

フィリピン戦に関する「死の街と化したマニラ」は、日本軍の残虐行為を暴露するもので、『真相箱』が刊行される半年前の昭和二十一年二月には、山下奉文大将がすでにこの事件の責任をとらされて処刑されている(41)。米軍がルソン島に上陸したとき、すでに戦闘能力を喪失していた日本軍は、山下の命令でマニラ等の諸都市を放棄し、山岳地帯に散開することになっていた。実際には山下の命令に従わなかった海軍将兵の集団であるマニラ海軍防衛隊が米軍と市街戦を演じ、市内は焦土と化した。山中に籠もった山下はマニラ市街戦をまったく知らなかっただけでなく、日本の統帥権体制下では山下に海軍部隊に命令を出す権限などなかった。しかし山下は、多数の一般市民虐殺の責任を追及され、戦犯裁判で第一号の死刑判決を受け、断頭台の露と消えた。明らかな冤罪である。

ところが『真相箱』は、

日本人俘虜、軍当局者、比島人官吏並に市民、日本側公文書より得た信ずべき報告により……即ちマニラの破壊は最後の土壇場に追い込まれた守備隊による逆上した行動に基づくものではなく、日本軍最高司令部の周到なる計画により行はれたものである。[42]

と、「日本軍最高司令部」（山下の第十四方面軍司令部の意であろう）が計画し実行させたと結論づけた。説明者は日本人のはずだが、完全にアメリカ人の説明になってしまっており、事情に疎いアメリカ人がマニラ破壊の命令を山下が出したと断定している。『真相箱』が意図したのは、アメリカが冤罪を犯したことを認めることではなく、皇軍たる日本軍がこんなにひどい戦争をしてきたこと、とくに陸軍がひどいことをした事実を日本人に理解させることであった。折からA級戦犯容疑者に対する東京裁判が開廷し、また横浜ではBC級戦犯容疑者に対する裁判が進行中で、アメリカは陸軍関係者に手厳しい鉄槌を下そうとしていたから、その手始めとなった山下裁判では、何が何でも陸軍軍人の罪状を世界に明らかにする必要があったのである。

図12　法廷に立たされた山下奉文

マッカーサーも読み誤った海軍善玉論の影響力

どうしてこんな作為をしたのかといえば、CI&Eのプロジェクトが米海軍・海兵隊の活躍を持ち上げ、功績を讃えることを一つの目的とし、日本の軍国主義の牽引役であった日本陸軍を徹底的に批判することにあった。この二つを進めていくと、米海軍のライバルである日本海軍を褒めるため、どうしても日本海軍善玉論になってしまう。しかしマニラの破壊と市民虐殺が海軍部隊の責任だとしたら、海軍善玉論に大きな傷がつくことになり、これを防ぐには、どうしても陸軍関係者に責任を転嫁する必要があったのだろう。マッカーサーが山下裁判を急がせたことはフランク・リールも明らかにしているが[43]、それが海軍善玉論を応援することになるとは、さすがのマッカーサーも読めなかったのかもしれない。

『真相箱』を読んでいくと、マッカーサーの南西太平洋方面軍系の関係者が一切編纂に係わっていなかったこと、またCI&Eのプロジェクトに太平洋戦争全体を客観的に眺めることができる者がいなかったことが、一層はっきりする。そのために構成と内容がニミッツの太平洋地域にあまりに偏りすぎてしまった。それを知ったマッカーサーと戦ってきた南西太平洋方面軍のスタッフと、CI&E、GHQ・G3歴史課との間がしだいに険悪になり、「真相箱」の放送中止へと展開していった。

『真相箱』の各項目には重要なものもあるが、マニアックで素人好み、悪く言えば興味本位の話題が多いことが特徴である。「爆雷に不覚をとつた捕虜第一号」「アメリカ潜水艦の東京湾侵入」「巡洋艦鳥海もまた撃沈さる」「日本軍ロケット砲の威力」「風船爆弾の威力」「日本機もアメリカ爆撃」「レイテに散る我落下傘部隊」「沖縄における奥山特別空挺部隊」などがそうした例だが、そこには歴史を動かした本質を捉えようとする歴史家の視点が完全に欠けている。南西太平洋方面軍系のスタッフが、こうした点に気がついていたとは思えないが、長い間、作戦計画の立案に従事し、作戦後の問題検証に明け暮れていた彼らの目からすれば、何でこんな枝葉末節の話題が取り上げられるのか不可解であったにちがいない。

ニミッツの担当する中部太平洋地域ばかりで、マッカーサーの南西太平洋地域の話題がいくらも盛り込まれない内容について、「真相箱」の放送が始まったころには、南西太平洋方面軍系のスタッフにも知れ渡っていたと思われる。不満を表していた急先鋒はGHQ・G2のウィロビー部長で、当然マッカーサー元帥の耳にもこのことを入れていた。しかしCI&EのプログラムはワシントンKS直々の指示によって行われていることであり、GHQといえども易々と中止か大幅な修正を命じることはできなかった。

南西太平洋方面軍は、昭和十八年の戦いを孤軍奮闘して担い、日本軍を最も嫌がる航空消耗戦に引きずり込み、昭和十九年から米海軍機動部隊の本格的作戦が始まったとき、日本軍に反撃する能力がないほど弱体化させていたのは、南西太平洋方面軍わけても米第六軍、第五空軍の功績であった。しかし日本側の視点に立ってみると、米第六軍や第五空軍を相手に一年半以上にもわたって戦いを続け、マッカーサーのフィリピン奪還を大幅に遅らせた陸軍第十八軍の敢闘を讃えないわけにはいかない。だが双方の功績はほとんど顧みられることがない。

こうして『真相箱』は、南西太平洋方面軍の作戦をほとんど取り上げないまま、昭和十八年（一九四三）を歴史から除外し、日本軍を消耗戦の末に弱体化させた島嶼戦を切り捨てて、四十一回まで放送が続けられた。客観性をもち、陸海軍関係者が納得できる太平洋戦争史とはとうていいえなかったにもかかわらず、日本人の精神構造を変え、歴史観まで変えるほど深く浸透した。マッカーサーや彼に長く仕えてきたスタッフにとって意外であったのは、自分たちの戦績を無視し海軍中心の太平洋戦争史が存在していたことで、このことが独自戦史編纂の背景になっていく。

日本人に戦争史を伝える真意

そこで改めて「太平洋戦争史」を編纂し、「真相箱」を放送した真の意図を検討することにしたい。CI&Eの“War Guilt Information Program”の狙いは、日本語意訳である「戦争についての罪悪感を日本人の心に植えつけるための宣伝計画」によく表れている。だがこれに忠実に沿っていると思われるものは、『真相箱』の「陸上作戦」「雑」の数点ぐらいのものだ。

海上を主な活動範囲とする海軍は、陸上でみられる住民に対する残虐行為に直面する機会は限られている。とすれば、日本人に罪悪感を植えつけるためと称して「海上作戦」に多くの時間、頁を割いているのは何のためか、住民との接触が多い陸軍には、どうしても虐殺行為、残虐行為から無縁であることは難しく、それならば日本陸軍との戦いが多かった地域の項目を増やせばよかったはずである。だがそうすると日本陸軍と戦闘を主に交えたのはマッカーサーの南西太平洋方面軍になってしまい、それはもっとまずい。あまり褒められた方法ではなかったが、米海軍の活動を主体にした太平洋戦争史で構成するとともに、どこでもよいから日本陸軍が犯した犯罪行為をつまみ喰いして暴露することにしたのではあるまいか。

本論で何度も指摘してきたように、CI&Eの“War Guilt Information Program”は、表面上の目的は日本人に戦争について罪悪感をもたせることだが、裏の目的があり、それが太平洋戦争について日米海軍の戦いとし、日本は米海軍と海兵隊によって打ちのめされ、敗北したというイメージを定着させることであったのではないか。そうしてみると、「太平洋戦争史」は表の目的に沿い、「真相箱」は裏の目的に沿って編纂されたのではないかと思えてくる。

国益に合致した米海軍による戦勝

戦争の清算と将来を見据えて、ワシントンで何が議論され、日本で何を行おうとしていたか、その全容は未だに明らかになっていない。いずれにしろ戦勝国となったアメリカは、日本の過去の清算と、将来への方向付けについて、国際的責任を負わなくてはならなくなったわけで、GHQを通じてワシントンが日本で行う施策には、この二つの課題が重なり合い、行き過ぎや不徹底、矛盾した指導が生じるようになった。

資料を精査し科学的手法で検証された戦争史がまだできない段階では、とりあえず太平洋方面では米海軍と海兵隊の力によって日本軍が完敗したこと、日本の行った戦争の実態を暴露し、皇軍が行ったひどい行為を日本人に納得させ、戦争はもう嫌だという厭戦気分を広げることができれば、ワシントンとしては十分であったにちがいない。そこには、ワシントンが南西太平洋方面軍の戦績に対する評価を忘れていたわけではないが、言及したくない特別な感情が存在していた。

仮に米太平洋艦隊中心の戦争史が事実に沿う正しい内容であったにしても、わざわざ南西太平洋方面軍の戦いをざっくりそぎ落とさねばならない理由があったのであろうか。一足先に終結を見たヨーロッパの対独戦争について、アイゼンハワーの指揮のもとで、米陸軍を中心とする連合軍によって勝利を獲得したとする認識がアメリカをはじめ各国国民に定着していた。そうなると世論を調整する必要性から、太平洋戦争ではニミッツの率いる米海軍が勝利をもたらしたとすれば、非常に好ましいバランスが出現する。そのためにはマッカーサーと南西太平洋方面軍の活躍があまり目立たない方が望ましかった。常に陸軍と海軍の役割や実績をバランスさせることが、アメリカの政治的安定上、欠かせない要素であり、対外戦略の推進、国内軍事基盤の安定のためにも不可欠であった。

マッカーサーの南西太平洋方面軍がどれほど勝利に貢献したとしても、太平洋方面における国際秩序の確立とアメリカ国内の安定のために、海軍を持ち上げて、ヨーロッパで功績をあげた陸軍とバランスをとるのが米政府の基本方針にならざるをえなかったと考えられる。ヨーロッパでの戦いが米陸軍の力で勝利したように、太平洋方面の戦いが海軍の力で勝利したという戦争史こそ、最もアメリカの国益に合致するものであった。ワシントンだけでなく、アメリカ社会全体に漲っている歴史認識を踏まえ、「太平洋戦争史」「真相箱」の構成が決定されたのではないかと想像される。

図Ⅲ　レイテ島に「帰還」したマッカーサー

Ⅲ　G2歴史課が編纂した戦史

表Ⅲ 『マッカーサーレポート』刊行までの流れ

昭和20年	9月2日	「ミズーリ」号上で降伏文書調印式。米南西太平洋軍司令部，これ以前より数回，陸軍省参謀部歴史班より戦史報告書の提出を催促される
	9月4日	Mac，高級副官の助言を得て日本占領史編纂を企図する
	10月	GHQ・G3歴史課，Macに戦史報告書(「太平洋におけるマッカーサー」)の草稿を提出。Mac，G2ウィロビーに戦史報告書の修正を指示。この頃，GHQ内部でG2とG3歴史課の対立が顕在化。米陸軍省直轄のWDC，日本における陸海軍文書資料接収作戦を開始
	12月	GHQ，G2歴史課を日本郵船ビルに設置し，戦史編纂業務をG3歴史課から移管
	12月1日	GHQ，日本に対し戦史編纂の調査機関を指示し，第一復員省史実部・第二復員省史実調査部を設置
	12月25日	GHQ，第一復員省に対し，日本戦史編纂の覚書を手交(翌年1月21日に第二復員省に対しても手交)
昭和21年	2月16日	G2，第一復員省史実部・第二復員省史実調査部に戦争記録調査を指示
	5月	服部卓四郎，Macの特別命令により中国より帰国
	秋	プランゲ，G2歴史課に入り，編纂事業が本格化
昭和22年	この年	服部卓四郎，G2戦史編纂事業に参加
	7月	ウィロビー，政治家・旧軍人に対する聞き取りを開始(昭和25年10月まで)
昭和23年	6月	復員省を引揚援護庁復員局に改組
昭和25年	春	G2による戦史編纂事業が終了(『マッカーサーレポート』脱稿か)
昭和26年	初頭	『マッカーサーレポート』5セットが完成
	4月11日	Mac，連合国最高司令官を解任される(4月16日に羽田より帰国)
	5月22日	ウィロビー，横浜より帰国。次いでプランゲも帰国
	6月	G2歴史課が極東軍総司令部歴史課に改変
昭和27年	12月	服部卓四郎，引揚援護庁復員局資料整理課長を辞職
昭和28年	3月	服部，『大東亜戦争全史』(全4巻)の刊行を開始。4月，私設の史実研究所を市ヶ谷に開設し，所長に就任
昭和29年	この年	戦史報告書が完成し，米英ほかに提出
昭和39年	4月	Mac死去
	この年	プランゲ『トラトラトラ』刊行(日本での刊行は昭和41年)
昭和41年	1月	『マッカーサーレポート』公刊

Macはマッカーサーの略。

一　ウィロビーの戦史編纂の動き

G3歴史課の戦史報告書―マッカーサーのしかめ面―

GHQのサザーランド参謀長のもとにG1～4の四つの部からなる参謀部があり、戦史はG3の歴史課の担当であり、東京に進出後、ワシントンの陸軍省参謀部歴史班の指示を受けながら戦史報告書作成の作業を進めていた。戦史報告書の提出は陸軍省の命令であり、マッカーサーといえどもこれを拒否できなかった。G3歴史課は、スミス課長が執筆した原稿からもうかがわれるように、CI&Eに対抗できる概説史の完成に程遠く、そのためCI&Eの「太平洋戦争史」に文句の一つもいえなかった。『東京旋風』の筆者ワイルズ（Harry Emerson Wildes）が「海兵隊の任務を軽くあつかい、アメリカ海軍には輸送係の役をあたえ、ミッドウェーの海戦は重要性がないとして、これを除くことを提議した(44)」というような南西太平洋方面軍に顔を向けた姿勢に変わるのは、ダイクを更迭し、その他のメンバーを入れ替えたあとのことであったと思われる。

G3歴史課が米陸軍省参謀部歴史班に提出するために作成した報告書は、題名を個人崇拝の存在を感じさせる「太平洋におけるマッカーサー」となっていた。昭和二十一年（一九四六）十一月に六九五頁にのぼる草稿をもらったマッカーサーも、さすがにしかめ面をし、とても承認を与えられる内容ではなかった。G3歴史課のスタッフが一新されたのはいいが、以前に対する反動が現れ、今度は南西太平洋方面軍中心に舵を切っただけでなく、マッカーサーの太鼓持ち的機関に変わってしまった。

当時のGHQ内には、マッカーサーを「神格化」する雰囲気があり、歴史課の報告書もこれを先取りしたものであった。歴史課がCI&Eのプロジェクトとは完全に縁を切ったことは、マッカーサーを持ち上げる報告書を作成したことでも確認できる。歴史課の協力を得られなくなったCI&Eは、"War Guilt Information Program"が一定の成果を上げたとして、学校教科書の審査業務に重点を移していくことになる。

マッカーサーは、G3歴史課の作った草稿を、G2のウィロビー（Charles Andrew Willoughby）少将に渡して修正を指示した。G3歴史課の骨抜きを目論んでいたウィロビーが、密かに打ち合わせておいたマッカーサーの動きであったかもしれない。G2は情報収集を主に扱うことから情報部とも呼ばれたが、保安や検閲も担当し、四部の中で最も大きな発言力を有していた。ウィロビーは、バターン半島の戦いから朝鮮戦争までマッカーサーに忠誠を尽くしつづけた文字どおりの忠臣である。原稿を預けたことからも、マッカーサーのウィロビーに対する信頼の厚さが推察されよう。

日本と異なる米軍の戦史編纂方法

英国式の流れをもつ米軍の戦史編纂は、日本軍のそれとは大きく異なっていた。ルーズヴェルト大統領およびノックス海軍長官の強い招請を受けた歴史家モリソン（Samuel Eliot Morison）を例にとると、ハーバード大学教授の椅子を離れ、海軍予備員の海軍大佐の肩書きを与えられ、資料収集や現地視察を行いながら戦争史を執筆し、一九四七年（昭和二十二）〜六二年（同三十七）にかけて『第二次大戦におけるアメリカ海軍作戦全史』（History of United States Naval Operation in World War II）全一五巻を出版している。戦争史といえども歴史の一環と考えるアメリカでは、戦争史も歴史家が手がけるのが当然と考えられ、軍人だけで戦争史編纂を行うのを伝統としてきた日本軍と根本的に違っている。G3歴史課で戦争史を編纂したメンバーは、肩書きは軍人でも本国では企業家やジャーナリストであった。米陸軍でも、基本的には歴史家に頼むのが慣例であったが、海外ではそれが難しい場合もあり、そんなときには適当な人間にやらせるほかなかった。

モリソンの執筆した戦争史が唯一のものであるかというと、そうではないらしい。アメリカでも、本人や親族・知人等から歴史の記述について数多くのクレームが寄せられるのは、日本と変わらない。もっと激しいという説もある。そのため記録にあるがままに書けるまでには、一〇〇年以上経たねばならないといわれる。ワシントンのポトマック河畔にあるネイビーヤード（Navy Yard）の歴史編纂部では、一九七〇年代から九〇年代にかけて、一〇〇年以上前の南北戦争の海軍戦史を編纂していた。当時のアラード部長も、自由に書けるには、遺族・親族の世代交代が進み、関心がなくなる時間が必要だといっていた。

そうだとすれば米海軍の本格的太平洋戦争史は、少なく見積もっても一〇〇年後の二〇四〇年ごろから開始される計算になろうか。それならモリソンの戦争史はどういう意味をもつのか、何のために編纂されたのか、という素朴な疑問が生まれる。客観性に多少の問題があっても、社会の営みには、その時その場で読み聞かされる歴史が必要であり、それを踏まえて次の時代に進むことができるのではないだろうか。モリソンの戦争史も、編纂された時点で最善であれば十分であり、読者はこれを指針に個々の戦争を乗り越え、つぎの時代へと前進していくことができるのである。

米陸軍の戦争史は、米陸軍戦史総監部（Office of the Chief of Military History、一九七三年にU. S. Army Center of Military Historyに変更）編纂の“U. S. ARMY IN WORLD WAR II”である。一二の部門別の構成で、太平洋・中国方面の戦いは、西半球、地中海、ヨーロッパ、中東等の部門に並んだそのうちの二つにすぎない。日本との戦いは、不当と思えるほど小さい扱いで、日本軍が全力で戦ったにもかかわらず、米陸軍にとって太平洋の戦いが占める比重は、日本人の誇りを傷つけないではすまないほど低く、「大戦」という表現がはばかられるほどだ。

もっとも日本側にしても、戦争期間中、陸軍の大半は中国大陸、満洲、朝鮮、マレー半島等に配備され、太平洋方面に送り出された兵力は意外に少なく、両国海軍にすれば大戦であっても、陸軍にとってはそうではなかったともいえよう。したがって米陸軍の太平洋方面に対する扱いが実態に近いともいえるが、それは規模の面であって、陸軍の役割・位置付けになると、別の見方が必要である。

太平洋・中国方面の戦いはマイクロフィルムで五四リールにのぼり、リール1から14までは中国・ビルマ方面の作戦で、15から18までの四リールがマッカーサーが指揮したニューギニア戦やレイテ戦を扱っているにすぎない。これ以降は、数リールのマッカーサー麾下の第八軍関係のほか、ニミッツが指揮した米海軍および海兵隊のアッツ島・マーシャルおよびパラオ諸島・サイパン島・テニアン島・沖縄等の作戦、医療・ジャングル戦闘・研究論文・日本軍文書翻訳等から構成されている。

改めて概観してみると、米陸軍にとって間接的でしかなかった中国・ビルマ関係の記述が多く、日本の敗戦を決定的にしたマッカーサーのソロモン・ニューギニア・フィリピン戦の扱いが、隷下の第八軍の記述を含めても少なすぎる。これに比べれば、ニミッツが率いた米海軍および海兵隊の戦いの方がずっと充実している。

分量の多寡が評価に比例しているわけではないが、太平洋における戦いの中で、米陸軍戦史総監部はマッカーサーの率いる陸軍主体の南西太平洋方面軍よりも、ニミッツが率いる海軍主体の北・中・南太平洋方面軍の戦いに強い関心をもち、高く評価していたとさえ思える。米陸軍省が島嶼戦について関心がなかったのは事実で、むしろ一九四七年に陸軍航空隊が独立して創建された米空軍の方が、第五空軍の活躍を通して島嶼戦に高い関心をもっていた。それにしても米陸軍が、身内ともいえる南西太平洋方面軍の戦いについて関心が低かったと思えるのは何故だろうか。

マッカーサーのG３歴史課に対する非協力

米陸軍省の戦史編纂の裏付けになった資料は、太平洋から中国・インドに展開した米陸軍部隊や機関から提出された戦史報告書が主体になっている。終戦以来、マッカーサーの司令部は、しばしば陸軍省参謀部歴史班から戦史報告書の提出を催促されているが、長い間、提出が滞っていたらしい。もしかすると、それが“U. S. ARMY IN WORLD WAR II”の中に南西太平洋方面軍関係の記述が少ない原因であったかもしれない。

各陸軍部隊や各機関から義務づけられた戦史報告書の提出がなければ、その部分の記述は当然欠落し、他の部分と比較して簡単な記述になってしまう。ワイルズによれば、報告書の作成中、逐次その進捗状況を報告するだけでなく、事前に歴史班による原稿チェックを受け、承認されなければ原稿を提出できない決まりがあり、南西太平洋方面軍司令部はこの手続きに反発していたといわれる。陸軍省の命令には従わねばならないはずだが、南西太平洋方面軍司令部はしばしば提出を先延ばしし、それが陸軍戦史の中での低い扱いと関係がなかったとはいいきれない。

ワイルズは、後述するウィロビーの立ち上げた戦史編纂事業で重要な役割を演じたが、彼の回想記『東京旋風　これが占領軍だった』（Typhoon in Tokyo）は、マッカーサーおよびウィロビーの戦史編纂をめぐる動きを赤裸々に描き、こうした疑問を次々と晴らしてくれる唯一の好資料である。

ワイルズによれば、陸軍省参謀部歴史班の催促にもかかわらず、マッカーサーは「一九四五年来、すでに四回も、この軍事報告を作成するように命令されていたが、その仕事にすこしも熱意を示さなかった」(45)と、戦史報告書の作成に消極的で、早く義務を履行しなければ、という緊張感が感じられない司令部内の空気を伝えている。米陸軍省とマッカーサーとの方針の相違や対立が影響していたのではないかという推測も可能だが、事実は存外単純で、些末な理由であったかもしれない。

では マッカーサーの司令部が戦史報告書の提出に真剣に取り組まなかったことを、どのように解釈するか。米本国において戦史編纂が進められていることを承知しながら、協力しなかったのは、マッカーサーが、米政府や陸軍省の態度に信頼を寄せていなかったことが背景にあり、マッカーサーの死去後に刊行された『マッカーサー大戦回顧録』(46)は、ワシントンに対する強い不信感に溢れている。ＣＩ＆Ｅの「太平洋戦争史」や「真相箱」での扱いからも、報告書を提出したにしても、どうせ大半がカットされるだけだと速断していたのではないか。

マッカーサーの不満の淵源

マッカーサーは、フィリピンからオーストラリアに脱出して以来、ヨーロッパ戦線第一主義を取るワシントンとたびたび衝突した。兵員も武器弾薬も大部分をヨーロッパ戦線に送り、南西太平洋方面にはわずかなものしか送って来ないというのが、マッカーサーの不満の原因であった。昭和十七年（一九四二）三月、マッカーサーがコレヒドールからオーストラリアに脱出したのは、同地に米軍の大軍が集結しているという話を信じ、これを率いてフィリピンに戻るためであったといわれる。ところがオーストラリアに来てみると、一個師団にも満たない米軍兵力と、絶望的な戦いを続けている豪軍がいるのみであった。以来、マッカーサーは裏切られたとの気持ちを抑えられず、米政府および米陸軍中央の約束を半信半疑で眺めるようになった。

ワシントンは、苦しい台所事情にもかかわらず、南西太平洋方面軍に要求以上の武器弾薬を割いて送ったが、これに対してマッカーサーは、

当時、私がもっていた兵力は、米国の陸、空両軍総数の二％を幾分下回るのだった。私には十万人をやや越えた兵力が割り当てられていたが、これは当時米本土の外にあった百万人を越える米陸、空軍兵力のちょうど一〇％ほどに当るものだった。私のもっていた海軍兵力が米海軍兵力全体に対して占めた比率は、船舶と兵員の両方を含めて、陸軍兵力の比率よりもっと低かった。(47)

と不満タラタラであった。戦争中、こうした不満を常にもっていたことが感情的もつれになり、指揮権や作戦計画をめぐり絶えずワシントンとぶつかった。ワシントンにとって、マッカーサーはきわめてやりにくい存在であったことはまちがいない。

米西海岸とオーストラリアの間には約一万三五〇〇キロ、ハワイとの間でも約九五〇〇キロ近い距離があり、むしろヨーロッパ戦線の方がずっと近かった。まだリバティー型輸送艦の大量就役以前であり、米軍といえども輸送船の確保と輸送業務の実施には非常な苦心を重ねていた。日本本土とニューギニア・ソロモン間は約六〇〇〇キロだから、米軍の負担の方が日本よりはるかに大きかった。マッカーサーが執拗にワシントンに要求しても、これだけの距離を克服して増援部隊や武器弾薬を送り込むのは容易ではなかったのである。

忠臣ウィロビーによる戦史の書き直し

こうしたマッカーサーとワシントンの間の良好とはいえない関係もあり、マッカーサーはワシントンへの戦史報告の提出に積極的に取り組まなかった。それでも昭和二十年（一九四五）十月、G3歴史課は六九五頁もの草稿をマッカーサーに提出した。しかしマッカーサーはこれが気に入らず、事前の打ち合わせに従って、これをG2部長のウィロビーに引き渡したのである。このときから、戦争史編纂業務はG3からG2に移り、信頼するウィロビーが仕切ることになった。

ウィロビーは、二分の一以上を削除し、残った分の二九八頁を書き直し、さらに自分が執筆した一八七頁を付け加え、一〇章構成とした。これをマッカーサーに再提出したが、マッカーサーはこれも気に入らず、承認しなかった。司令官に仕える部下たちによる執筆は、どうしても司令官を必要以上に賞揚する傾向があり、さすがのマッカーサーも容認できなかったが、これ以外に承認されない理由がなかったとは言い切れない。ウィロビーは軍人の執筆には限界があると判断したのか、やはり歴史家に依頼して編纂する方針に改めたと思われる。(48) これが南西太平洋方面軍の戦いを主題とし、マッカーサーグループが独自に編纂する計画へと発展し、『マッカーサーレポート』として結実する事業の出発点になったのではないか。

この一方で、ミズーリ号上での降伏文書の調印が行われた直後の九月四日、C・J・エングル高級副官がマッカーサーに対し、日本占領軍の「完全かつ全面的な歴史」を編纂するよう提言したといわれる。(49) エングルの提言は、これから本格化する日本占領史を編纂しなくてはならないということであった。その目的は、「行政諸機関・政策・主要諸問題・成果を要約記述し、占領の経験を通じて学んだ教訓を集大成し、将来の占領の指針(50)」とすることであった。GHQ・G3歴史課がまとめている南西太平洋方面軍の対日戦の歴史ではなく、占領史だけに特化するというのである。GHQが連合国軍総司令部と米極東軍総司令部（FEC）の二重構造と機能をもっていたことはよく知られているが、FEC参謀部第二課には元来歴史課が布置されていたとされ、エングル高級副官が進言したのはFEC歴史課の任務について指摘したものであったと推測される。

図13　ウィロビー

この提案を実現しようとすれば、占領当初から関係資料の保存と整理、資料への解説に着手しないと、あとで資料不足に苦しむことになりかねない。エングルの提案に対してマッカーサーは消極的態度を示し、これを取り上げようとはしなかったが、エングルの指摘がFEC歴史課の任務に基づくものであったために、何もしないで放置するわけにはいかなかった。エングルの指摘は、マッカーサーからウィロビーに伝えられ、ウィロビーがG2歴史課の始める戦争史編纂事業をカモフラージュするうえでも役立つと考えたのか、ウィロビーが長となって進められることに決定した。

GHQ・G3歴史課の編纂した戦史の内容が、米海軍・海兵隊の作戦を切り捨てる内容であったように、ウィロビーのG2歴史課に引き継がれても基本方針は同じであったにちがいない。いくら自分が持ち上げられても、海軍の作戦にまったく触れない太平洋戦争史などありえないことは、CI&Eよりも前線にいたマッカーサーの方がよく理解しており、彼も必要な基本事項は網羅すべきであると考えていた。CI&Eの戦争史を裏返したような南西太平洋方面軍一辺倒の太平洋戦争史などできるわけがなく、G2歴史課もその点は承知していた。

ウィロビーの編纂方針の危険性

CI&Eの編纂方針には、南西太平洋方面軍に対する悪意があり、その戦いを切り捨てたわけではなかったが、編者の情報・資料・認識不足等によって、結果的には切り捨てと同じ結果になった。したがってG2歴史課は、G3歴史課が編纂した草稿を出発点としてはいたが、マッカーサーの度重なる不満表明が圧力になってCI&Eの戦争史のごとき偏重を修正し、エングルが指摘した占領史をも網羅した計画へと膨らませていった。

ワイルズは、「彼自身の独自の方法を押しすすめて、自分の報告の決定版を書き上げる組織を作った」[51]と、マッカーサーが強い指導力を発揮したと述べている。しかし実際に計画策定から組織作り、執筆者探し、資料収集指揮、刊行準備にいたるまで、常に表面に立っていたのはウィロビーで、けっしてマッカーサーが表立つことはなかった。ワイルズの言と異なり、マッカーサーは枠組みや原理を示すのみで、細部はウィロビーに一任していた。

マッカーサーが情報部門トップのウィロビーにG3歴史課の草稿を渡したのは、ウィロビーが戦史に造詣が深いからではなく、CI&EのプログラムにG3歴史課が協力したことに対する不満、もしくは草稿を見てその能力に強い疑念を感じたためと思われる。そのためスタッフを替えるだけでなく、編纂業務そのものをウィロビーの隷下に移すのが最善の処置と判断したからにほかならない。だがウィロビーのマッカーサーに対する忠誠心は人一倍強く、編纂事業の性格を大きくゆがめる危険性があったことは、彼を知る者は想像できたにちがいない(52)。

ワイルズも「仕事の目的はマッカーサーを讃えるにあること(53)」と決めつけているが、果たしてそこまで言い切れたとは思えないが、一方でマッカーサー自身が自分を褒めそやす戦争史を期待していたと言い切れるかどうか。彼ほどの自信家であれば、自ら自身を顕彰する戦争史を編纂しなくても、これから無数の書き手が自分の伝記を書かないはずはないと確信していたことは容易に想像がつく。マッカーサーにとってもウィロビーにとっても当面重要なのは、南西太平洋方面軍の戦いとその意義を太平洋戦争史の中に位置づけることと、そのための枠組みをしっかり構築することであり、G2歴史課に課せられた任務もそこにあった。それが実現できれば、マッカーサー自身の歴史的役割もおのずから評価されると読んでいた。

二　G2歴史課の設置

戦争呼称の当否とは

日本人の中には、開戦直後の十二月十二日に閣議で決められた「大東亜戦争」の呼称は、敗戦後でも変えられないという不可解な理由を盾に固執する者が少なくない。筆者も、日本側からすれば太平洋と中国大陸の戦いを切り離せない実情から、「大東亜戦争」と呼ぶべきだとする主張には一応の合理性があると考えている。

「大東亜戦争」呼称論は、「太平洋戦争」の呼称はアメリカが押しつけたものだから駄目というのが第一の理由だが、その論理に従えば、すべての占領政策を否定しなければならなくなる。たとえ一部だけを元に戻すというのは筋が通らないし、意味もない。大東亜共栄圏の創造とイメージ的にはつながる「大東亜戦争」の呼称は、大東亜共栄圏が非の打ちどころのない理想的なものであればともかく、数百の土侯国と数十の王国をアジア地域につくって、それらを日本から派遣した総督が支配する十八、九世紀的な体制をつくる構想であったとすれば、いずれアジアの民族主義運動に打倒される大時代的なものであり、この実現を一つの目的とする「大東亜戦争」の呼称を使う気になどなれない。

太平洋戦争が終わるまでの歴史は、日本国内に現存し、入手できる資料（文書資料・オーラル）に基づいて構築されている。だが戦後、米軍によって接収された資料は膨大な量にのぼり、返還されたのはほんの一部に過ぎない。将来、米国内でどんな資料が発掘されるかによって大幅な変更を余儀なくされるとも限らない。日本人に都合よく構成できないのが、太平洋戦争と、それに至る歴史である。

そもそも大東亜戦争の呼称の原点には、日本の建てる大東亜共栄圏を米英が破壊するために来攻してくるという戦争シナリオがあった。「大東亜戦争」開戦時の目標であった南方資源地帯の獲得によって、「大東亜共栄圏」の基礎を完成し、あとはこれを取り返しに来る米英軍との間で文字どおり「大東亜戦争」が行われるはずであった。しかし米軍の「大東亜共栄圏」への来攻は遂になく、米軍は太平洋を北上して日本本土に攻め込む道を選んだのであり、日本は「大東亜戦争」をさせてもらえなかったのである。

開戦時、南方資源地帯およびその周囲に日本軍が進攻し、「大東亜戦争」の名称にふさわしい展開をしたが、それは開戦時だけで、ビルマの戦い以外は開店休業状態になった。そのため敗戦後、南方資源地帯とその周囲に配置されていた日本軍将兵は健康体で、故国の家族の消息を気にしながら帰還する者が多かった。他方、太平洋地域からの復員兵は担架に乗せられるか、抱えられて上陸する者が多く、どこで激しい戦いがあり、どこは平穏であったかが一目瞭然で、日本が太平洋において敗けた事実を突きつけられる。

日本占領とウィロビーの編纂体制

昭和二十年（一九四五）四月三日、米南西太平洋方面軍麾下の陸軍は他の太平洋展開の陸軍も集めて米太平洋陸軍に改編され、総司令部もＧＨＱ／ＡＦＰＡＣに生まれ変わった。ついでマッカーサーが連合国最高司令部＝ＧＨＱ／ＳＣＡＰに任命されたことにより、ＧＨＱ／ＡＦＰＡＣの参謀たちは、昭和二十七年に講和条約が発効する日まで占領地行政に取り組むことになった。

ウィロビーは、コレヒドールからの脱出メンバーに加えられたこともあり、参謀たちの中でマッカーサーに対する忠誠心が人一倍厚いことで知られていた。ドイツ生まれで、ドイツのハイデルベルク大学卒業後にアメリカに移住して米国籍を取得した彼の経歴を見ると、アメリカ国家や最高司令官に対して示す忠誠心に多少大袈裟な部分があったのもうなずける。

ＧＨＱ・Ｇ3歴史課の草稿の手直しをマッカーサーから命じられたウィロビーは、かねてから準備を進めていたＣＩ＆Ｅの「太平洋戦争史」「真相箱」に対抗する戦争史（以後Ｍ戦史とする）の編纂計画をいよいよ始動させた。と同時にマッカーサーをリーダーとして自分たちがこれから取り組もうとしている日本占領を記録し、これを報告書としてまとめる作業にも着手したが、この合法的作業を隠れ蓑にしてＭ戦史編纂を行った印象を与える。米陸軍の中で戦史を編纂できるのは陸軍省参謀部歴史班だけで、海外に派遣されている部隊は、戦史報告書か戦史資料の提出を義務づけられているだけであった。極東軍総司令部戦史班にしても編纂できるのは戦史報告書であり、出版までは許されていなかった。そうなるとウィロビーが進める計画は、明らかに米陸軍規定に違反している。このことが、編纂事業について過度の秘密主義が取られた第一の理由であったとみられる。違反を承知のうえで推進した背景には、南西太平洋方面軍の戦いに関する戦史報告書は、どうせワシントンでは握りつぶされるだけという強い不信感があり、東京に根拠地を置くおかげで、ワシントンにはできない編纂ができることも見過ごせない一因になっていた。

昭和二十年十二月、G3の草稿をG2のウィロビーのもとで書き直すために、前述のように、G3歴史課のスタッフ五名をG2に移し、G2歴史課（G2 Historical Section, GHQ/AFPAC）を編成した。移籍した五人は武官一名、文官二名、タイピスト二名で、これにG2内からかき集めた人員で調査係、編集係、製作係、図書係等を編成した(54)。問題は編纂作業のリーダーを誰にするかであり、軍人の執筆がマッカーサーの不満の一因にあったとすれば、アメリカの伝統に則って著名な歴史家を捜して依頼するほかない。おそらく誰かを通じて、メリーランド大学のゴードン・W・プランゲ教授が海軍軍人として日本勤務しており、間もなく除隊を迎えるというニュースがウィロビーにもたらされたのであろう。

プランゲはアイオワに生まれ、メリーランド大学歴史学教授で、昭和十七年（一九四二）から海軍士官として軍務につき、昭和二十年に占領軍の一員として日本に上陸した。翌年、右のごとく東京で除隊になったさいにウィロビーに招請され、GHQの文官修史官になり、早速G2歴史課長に就任した。プランゲの来日と除隊が計画に基づくものではなかったとすれば、運命的なものさえ感じさせる。

徹底した秘密主義

編纂事業に向けた計画は、ウィロビーのほか、ごく一部の者が知るだけであった。おそらくG3からG2への移転でさえ、GHQ内部では秘密であったろうと思われる。丸山一太郎は、米大統領を目指すマッカーサーにとって、スキャンダルや不祥事が致命傷になることから、「政治的反対派がマ元帥のあら探しの動きを活発」化している情勢下で、戦史編纂が「膨大な機構と寛大な金を使い元帥の功績表作成と批判される恐れ[55]」があったため、噂が立たないように徹底した秘密主義がとられたと解釈している。それも有力な理由だが、前述のように、戦史報告書の枠を越え陸軍規定に反してまで独自の戦史を編纂する企図を持っていたことが、秘密主義をとった最大の理由と考えられる。

日本で作業を進める関係上、日本側の協力を得ることができるが、その動きが冷戦の一方の旗頭であるソ連の監視の目に触れるおそれがある。実際に、それを察知したソ連の極東委員会代表クズマ・テレビヤンコ中将が、旧日本軍将校が諜報任務に従事し、日本の再軍備の準備を進めていると非難し、米アチソン代表と激しくやり合ったこともある[56]。

いずれにしても厳しい秘密主義がとられたのは、編纂事業が米政府および米陸軍による正当な国家事業でなかったことに起因している。さまざまな噂が立ちながらも、編纂事業は、最後まで外部に漏れることなく進められた。その成功の要因は、関係者の多くが軍人出身者であったことにもよるだろうし、本来の任務である米陸軍省参謀部歴史班への戦史報告書の提出を怠りなく実行したことにもあったようだ。G2歴史課の限られたスタッフだけで、編纂事業を進めながら本来の任務をまっとうできたとは思えない。それを可能にしたのは、日本側の協力であった。

昭和二十年十二月一日のSCAPIN. No. 126で、日本政府に対して戦史資料編纂のために研究調査機関の設置を指示し、これを受けて日本政府は第一復員省に史実部（のち史実調査部）、第二復員省に史実調査部を設けた。ついで二十一年（一九四六）二月二十六日、GHQ・G2は「戦争記録調査の指示」を出し、史実部・史実調査部が戦史記録を編纂し、これをG2・ATIS（連合国翻訳通訳部）に提出することを命じた。G3歴史課がG2に移ってから最初に出した命令であろう。前号では、戦史資料収集機関の設置を命じるとともに、戦史資料を取りまとめる作業を指示している。そこにG2の後号の指示によって、戦史資料だけでなく、戦史記録の編纂を命じられ、史実部・史実調査部は、戦史資料の編纂と戦史記録（報告書）の編纂という二つの作業を担うことになった。「戦争記録調査の指示」による戦史編纂はワシントンからの要請ではなく、G2歴史課だけの必要性から出されたものである。なお本文では、史実部・史実調査部を区別しないで、史実調査部として呼称することにする。

指示によれば史実調査部は完成稿をATISに提出し、ATISはこれを英訳して米陸軍省参謀部歴史班に提出するとされた。つまりG2は、米陸軍省参謀部歴史班に提出することになっていた戦史報告書を、日本側の史実調査部に作成させ、ATISに英訳させた上で戦史報告書として米陸軍省参謀部歴史班に提出したわけで、G2歴史課の本来任務を史実調査部に代行させたのではないかと推測されるのである。つまりG2歴史課の限られた人員で、本来任務である戦史報告書の作成とM戦史編纂事業とを同時に行うのは困難であり、事実上、史実調査部に戦史資料の整理を代行させることで負担を軽減し、秘密のM戦史編纂事業を行う余力を作り出したのではないか。

疑問として残るのが、海軍戦史に関する調査を行う第二復員省史実調査部が編纂した戦史報告書も、米陸軍省に上げられたのかという点である。米海軍省でも当然戦史報告書の収集を進めており、GHQからは日本側に対して多数の海軍関係の調査項目が出されていた。その中でG2の請求事項が相当数を占めていることからみて、G2が米海軍との仲介役を果たしていたことは疑問の余地がない。

図14　G2歴史課の置かれた日本郵船ビル

編纂に携わったメンバー

ウィロビーは編纂事業に着手するに当たって、前述のようにG3歴史課をG2に移管し、これを母体にG2歴史課を作り変えた。情報・課報・保安・検閲を主任務とするG2には、現地情報課・陸軍省情報課・民間情報課の三課があったが、昭和二十年十二月、歴史課は陸軍省情報課の下にATIS、5250技術情報隊らと並んで設置され、日本郵船ビルの三階を使用することになった。

編纂体制の設置や組織制度の整備、スタッフの手当等の面でウィロビーを助けたのはスベンソン陸軍大佐で、そのほかにD・F・リング陸軍大佐、F・H・ウィルソン陸軍大佐等もウィロビーの良き協力者であった。とくにスベンソン大佐が実務を担当し、組織作り、スタッフの手当、施設の確保、予算折衝に当たった。大佐が三人も参加したというだけで、力の入れようがわかる。昭和二十一年秋にプランゲが文官として歴史課に入ったころから、組織が動き出したものと考えられる。

“A Brief History of the G-2 Section, GHQ/SWPA and Affliated Units ; Introduction to the Intelligence Series”によれば、主立ったスタッフが事業に参加した年月日がつまびらかでないものの、以下のよう

に氏名と担当を明らかにすることができる。

編集担当

G. W. Prange 博士、H. E. Wildes 博士、M. Araki 教授、C. A. Willoughby 少将、E. H. F. Svenson 大佐、F. H. Wilson 大佐、M. K. Schiffman 中佐、N. W. Willis 中佐、S. Thorn、C. H. Kawakami 中尉

執筆担当

A. W. Ind 中佐、H. I. Rogers 中佐、F. H. Wilson 大佐、R. H. Ryan 中佐、W. H. Brown 中佐、J. B. Schindel 中佐、S. M. Case 中佐、A. Chriezberg 少佐、L. W. Doll 博士、F. B. Ryeknert 大尉、S. L. Falk 中尉、Y. G. Kanegai 中尉

補　佐

T. Katagiri 中尉、H. L. Stone 准尉、Miss. M. Moore、W. M. Tracy 曹長、H. Y. Uno 曹長

編集担当の中に、日系米人の Kawakami 中尉以外に日本人の M. Araki 教授の名が見える。彼らについては後述するとして、日本人の入っていることがこの事業の大きな特色であった。

ウィロビーはスベンソン大佐とともに編纂計画を煮詰めたが、これがプランゲが入ってきて完成したのか、残念ながらその辺の経緯はわからない。南西太平洋方面軍が戦ったニューギニアからフィリピンに至る一連の戦闘を日米双方の視点から描くのは、当時でも今でも破天荒な目論見である。外国における編纂事業という特殊な事情があったにせよ、日本人の智恵ではとても思いつかないし、実行もできない。戦後半世紀を経たころ、日本の村山内閣が進めた関係各国との戦争研究を、すでにウィロビーらが

表6　『マッカーサーレポート』日米両グループの編纂体制

Vol.	Southwest Pacific Series	Editor	Review Editor
Ⅰ	Allied Operation in the Southwest Pacific Area	Dr. Prange	Gen. C. A. Willoughby
Ⅱ	Japanese Operations in the Southwest Pacific Area	Dr. Araki	Col. E. H. F. Svenson

"A Brief History of the G-2 Section, GHQ/SWPA and Affliated Units ; Introduction to the Intelligence Series".

終戦直後に実行したことは、もっと評価されるべきだ。ただこの画期的な方針が、「敵」を前提に教育と訓練を受けた制服軍人から出た発想なのか、プランゲら歴史学者が入ってできたものか明らかでない。たとえ後者だとしても、これを受け入れた米軍人の度量の広さは敬服に値する。

日本人スタッフの思いがけない厚遇

M戦史編纂事業について、事業の進行を逐次記述した記録がなく、出来上がった『マッカーサーレポート』という成果から推測するほかない。日米の執筆者を集めてアメリカ側グループと日本側グループに分け、それぞれに編集責任者をおき、緊密に情報交換を行いながら進められた。敗者である日本側スタッフに対しても厚遇が与えられ、さまざまな便宜が供与されては、ウィロビーの期待を裏切らないはずはない。

日米両グループに課せられた編纂課題、編集責任者、実質的な事務局を表にまとめると表6のようになる。

それぞれの編集責任者は、アメリカ側が既述のプランゲ博士で、日本側がAraki こと荒木光太郎《あらきみつたろう》博士であった。歴史学者であるプランゲにとって、たまたま来ていた日本は、彼に新しい未来を提供することになったわけである。というのは、この地位を得たことによって、日本において真珠湾攻撃に関する資料の収集、諸作戦の関係者へのインタビューができるようになり、彼の名声を確立した著書『トラトラトラ』等を執筆するチャンスをモノにできたからである。

一方の荒木光太郎は、父は有名な画家荒木十畝《あらきじっぽ》、東京帝国大学経済学部の教授をつとめ、『現代貨幣問題』『貨幣概論』で知られた金融論の大家であったが、戦争中の政府の財政政策に深く関係していた。昭和二十年十一月の教授会で、国家の政策に深く関与した荒木や中川友長《なかがわともなが》・橋爪明男《はしづめあきお》の各教授および難波田春夫《なにわだはるお》助教授が追放され、代わって追放されていたマルクス主義経済学の大内兵衛《おおうちひょうえ》や矢内原忠雄《やないはらただお》・土屋喬雄《つちやたかお》教授、有沢広巳《ありさわひろみ》助教授が復職し、東大経済学部の戦後の日本経済学における指導的地位を確立していく。

そうなるとG2の事業に関係したころの荒木は、浪人の身の上であったことになる。荒木の専門である金融論と戦史編纂は、研究の方法論も扱う資料もまったく違う。場違いな荒木が編集責任者のポストを得たのは、荒木の妻光子《みつこ》がウィロビーと特別に親しい関係にあり、彼女の押しで決まったといわれる。かかる不純な人事は、編纂事業と組織がGHQ内で異端、つまり純粋な公益事業というより、権力構造の陰で生まれた私的空間の事業であったためにできたことであろう。

敗戦責任者の一人服部卓四郎が加わる

プランゲは、歴史学を専門とするだけに、執筆陣を指導する能力を備えていたが、荒木の方は専門外でもあり、元軍人の部下たちを指導する能力があったとは思えない。どうしても戦史に明るく、何よりも軍人を指導できる人物に任すほかなかった。そこで実質的に日本側グループの指導者として選ばれたのが、旧陸軍大佐の服部卓四郎であった。服部は、大戦中、東條英機《とうじょうひでき》の庇護を受けて参謀本部作戦課長をつとめ、主要な作戦計画の立案と作戦指導に当たった。陸軍が作戦で敗れた責任者をあげるとすれば、真っ先にあげられてもおかしくない。よく言えば、陸軍作戦計画の立案と実施に彼ほど関わった者はいないから、彼の経験と知識をM戦史編纂に利用しようというわけである。

東條失脚後、その庇護を失った服部の参謀本部における地位は不安定になった。昭和二十年二月、中国南部の歩兵第六十五連隊長に転出になり、日本の降伏とともに中国軍の捕虜収容所に収容されていた。ところが連合国軍最高司令官の命令で、昭和二十一年五月、部下たちを残したまま彼一人だけが帰国を許されたのである(57)。戦犯裁判を受けさせるために、人より早く海外の収容所を出され帰国した例はいくつかある。だが敗戦に結びつく数々の誤判断をしたにもかかわらず、服部が戦犯裁判にかけられる心配はなかった。というのは戦犯裁判に対する連合国の法規範では、責任は指揮官にあり、参謀等の司令官(大本営参謀の服部の場合は天皇になろう)に対する補弼(補佐)責任は問われなかったためである。

マッカーサーの特別命令による帰国が戦犯裁判への出廷のためでなかったとすれば、よほどの理由があったのだろう。だが帰国後、服部は半年ほどぶらぶらしたあと、第一復員省の史実調査部長に就任しただけである。日本政府側のポストに就かせるために、連合国軍最高司令官が特別命令を出すとは考えられない。どう解釈しても、G2の歴史編纂事業への協力しか動機らしきものが見当たらない。服部の帰還の理由や経緯については、阿羅健一氏が関係者への聞き取りを資料にして論じているが(58)、文書資料による調査とはいくつかの違いがある。

東條の妻勝子と荒木光子は、姉妹同然といわれるほどの親密な関係にあった。服部の経歴をよく知り、夫光太郎の仕事を成功させるには強力な協力者が必要と考えていた光子は、東條勝子から夫英機の弁護ができる人物として服部の早期帰還を懇請されていた事情もあり、ウィロビーに話を持ち込んだ。光子とウィロビーの利害は、M戦史編纂事業の成功だから、このために服部の帰還を画策し、マッカーサーを動かすのに成功したとみられる。

こうした経緯をみると、荒木の妻光子の存在に注目しないわけにいかない。彼女は三菱財閥の重役の娘といわれ、ドイツに住んでいたこともあって、ドイツ語やロシア語が堪能といわれるが、それ以上の詳しい経歴はわからない。(59) 独大使オットーとも親しく、いわゆる社交界の華として交遊関係はきわめて広く、かつ複雑であった。

日本側の編纂体制

GHQの東京進出とともに社交界が華やかになりはじめると、日本人女性は、「日本のために」を合い言葉に、GHQの高級幹部に接近したが、光子もその能力を遺憾なく発揮し、ドイツ語を母国語にするウィロビーをたちまち虜にした。光子はM戦史編纂事業が開始されてまもなく、夫を編纂事業の中に加える話をウィロビーに持ちかけ、自分も事業の中に加えてもらうことに成功した。一つのテーマを日米双方から取り組むアイデアも、光子あたりから出た可能性が皆無だとはいえない。

荒木をチーフに迎え、日本側の体制も急速に整っていった。ウィロビーには、マッカーサーを厚木に迎えて以来、きわめて親密になった河辺虎四郎《かわべとらしろう》および有末精三《ありすえせいぞう》両中将という協力者がおり、服部についても二人が保証したにちがいない。前述のように日本には歴史学者が戦史編纂に携わる伝統がなく、も

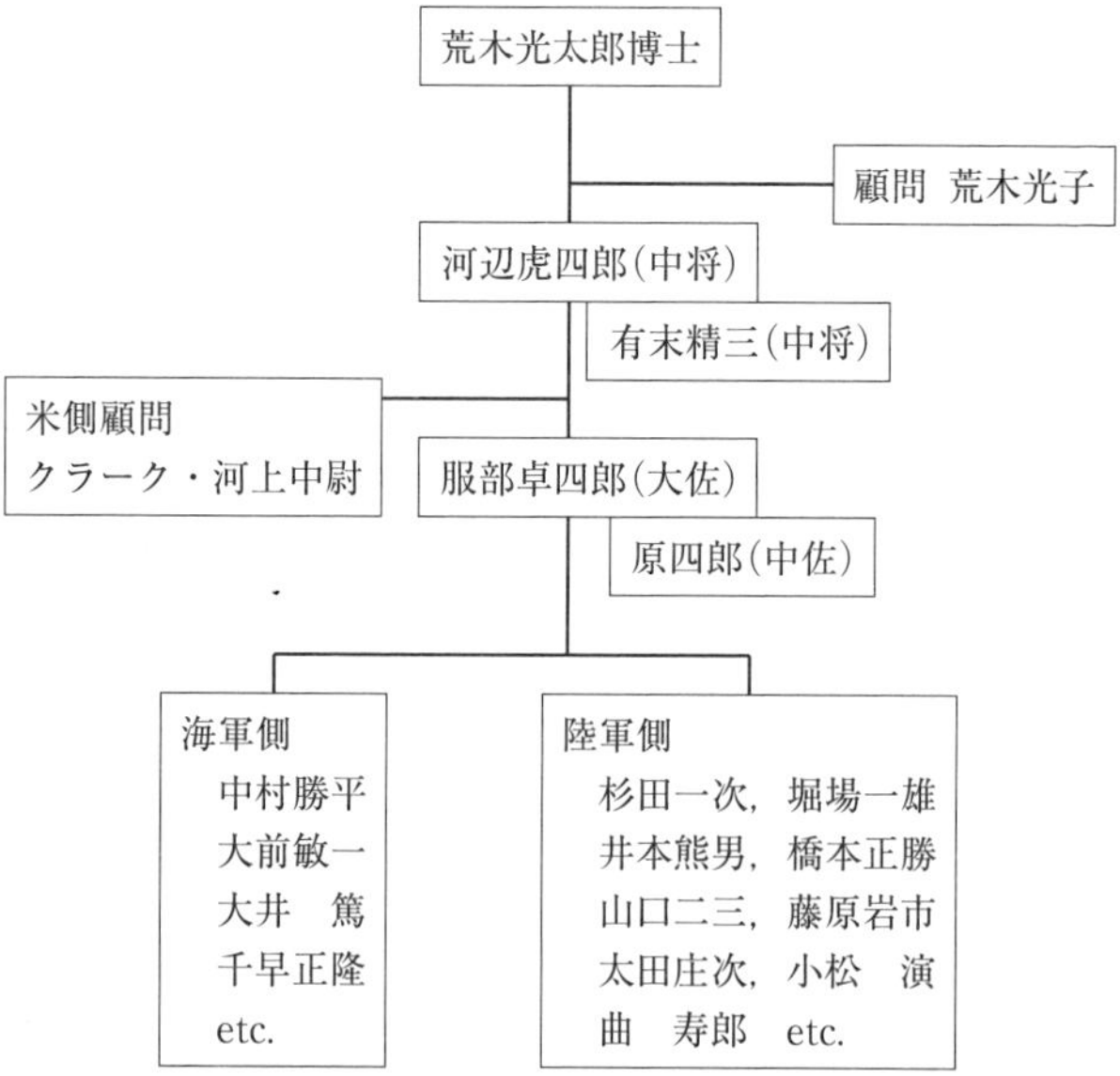

図15　『マッカーサーレポート』日本側の編纂体制

っぱら軍人だけが携わる慣行になっていたから、河辺・有末および服部の推薦によって人選が進められ、軍に知己のない荒木光太郎は傍観者に等しかった。

早稲田大学の土屋礼子氏のご教示および有末精三の『終戦秘史　有末機関長の手記』[60]、黒沢文貴氏の『GHQ歴史課陳述録(下)』所収「解説」、資料「服部機関」等を参考にして、日本軍側の編纂組織を図示化すると、おおむね図15のようになろう。

荒木光子の立場は微妙だが、この位置を足がかりに、事業全体の会計を差配するようになり、得意とする図版や戦争画の挿絵、肖像画を法外な経費で発注させるなど辣腕を振るった。一橋大学名誉教授加藤哲郎氏によれば、日本人関係者たちは、歴史課のある日本郵船ビル内を傲然と闊歩する彼女を「郵船ビルの淀君」と呼んだという。

河辺虎四郎は副チーフで、有末がその補佐というべき存在だが、二人は、ウィロビーおよびG2と日本側編纂者との潤滑油的機能を果たし、有末はウィロビーの盟友的存在として多くの助言をした。(61) クラーク・H・河上はハーバード大学出身の俊才で、父は戦前アメリカで活躍した万朝報特派員の河上清である。戦前、河上は同盟通信社ワシントン特派員として活動したが、そこで女優竹久千恵子と結婚した。まもなく日米開戦となり、米国市民権をもたなかった千恵子は第一次日米交換船で帰国、戦後、河上がG2幕僚として来日したさいに劇的再会を果たした。(62) 日本側グループが日本語で執筆した原稿は、ATISの後継機関である米極東軍総司令部参謀第二部翻訳通訳部（TIS）によって翻訳されたが、日本文のニュアンスが正しく翻訳されているか、最終チェックをするのが河上の主任務であった。

軍人の排他的職業意識が与える影響

編纂に当たる日本人は、実質的に服部卓四郎が主任編纂者で、計画は彼の片腕的存在で、大本営時代の部下であった原四郎がたたき台を作成した。元参謀本部員が主体で、ワイルズによれば一五名にのぼったとされる。荒木光太郎が経済学者である以外、すべて元軍人で、人選に携わった河辺、有末、服部らには、編纂に民間の歴史学者を加えるなどという考えは微塵もなかった。戦争に負けても、戦争の歴史が軍人以外の人間なんぞにわかるはずがない、という排他的職業意識から脱することができなかったというべきだろう。

軍人でない者に戦争などわかるはずがないという軍人の排他的職業意識は、すべての国民が戦争に参加する総力戦思想と矛盾する。軍人しか戦史が書けないという部外者否定論は、実は陸軍大学校を出ていない者などに書けるかというエリート意識と表裏一体の関係を成している。つまりその根底には、陸大出身者しか書く資格がないという強烈なエリート意識が存在している。戦後、年月の経過とともに陸大出身者が減り、陸軍士官学校出身者ばかりになってくると門戸が徐々に広がったが、それでもけっして軍人以外に門戸を開けることはなかった。

日本では、事情や経緯を知っている当事者しか歴史が書けないという奇妙な社会通念がある。関ヶ原の合戦を見た者がいない今日、誰もこれを書けないという理屈である。当事者は、身内の責任を追及しにくいだけでなく、逆に批判される立場に置かれる場合もあるから、歴史編纂に従事するべきではないということが理解されていない。当事者がすべきことは、経験を記録に残し、歴史の検証に協力することである。

ワイルズが、アメリカ側のスタッフについて「これらの郵船会社班は、その誰ひとりとして歴史家でもなく、文筆家でもないのに、日本側の記録をかき集めて、公式の日本側の戦史を編もうというわけだった(63)」と、皮肉を込めて批判している。同じことは日本側についてもいえることだが、賢明なワイルズはさすがにそこまで口を差し挟んでいない。

ワイルズのこの事業に対する批判はこれに止まらなかった。G3歴史課の仕事について、「大半は年俸五〇〇〇ドル以上、なかには一万ドルもの高給を食む五〇人ほどの男女がかかりきり」で編纂に従事したにもかかわらず、「できあがっていた仕事といえば、ほとんどなにもなかった。最後的な、総括的な報告も発表されておらず、この膨大な支出を正当化するにたりる内容をもった資料も提出されていなかった」と批判していることで、暗にこのことはG2歴史課も同じではないかという批判である。

三　日本側の資料収集態勢

戦訓抽出の伝統がもたらした悪意の人事

軍人だけで戦争史を編纂する一因に、機密資料を使用するという事情がある。しかしこれは、英米の戦史を編纂する歴史家も機密資料を閲覧しているから、まったく理由にならない。敗戦によって陸海軍が消滅し、機密事項が存在しなくなっても、史実調査部あるいは防衛庁の戦史編纂も陸軍士官学校や海軍兵学校の出身者のみによって行われてきた。機密資料云々は言い訳であろう。

日本における戦史編纂目的について、英米ではあまりいわれない教訓（戦訓）の抽出がある。歴史家が編纂する戦史からでも教訓が引き出せないはずはないが、日本では編纂以前に教訓抽出が行われることが多く、これを戦史の記述の中に織り込むことが編纂目的の一つにされている。体験で得た皮相的な教訓など、数年ならずして無価値になるが、日本ではそれを教訓と信じる人が圧倒的に多い。史実に基づいて丹念に編集された戦史を繰り返し精査し、ようやく発見できる物事の本質に係わるような教訓には関心が薄い。「戦訓報」等で戦線から上がってきた目に見える教訓を、戦史を介して部隊・機関に還元するために編纂が行われてきたともいえる。教訓抽出は軍人にしかできない作業であると思い込み、編纂作業を軍人が独占する一因になったという解釈もある。

軍人だけが戦史を編纂することに合理的理由があったにしても、客観性を必要とする歴史とするためには、利害を有しない第三者たる者が担うのがのぞましい。この観点に立ってG2歴史課の陣容をみると、アメリカ側は前述のとおり歴史家を登用したが、なぜ日本側にもこの考えが適用されなかったのかわからない。

編纂事業に服部らを入れることは、彼が大本営陸軍部における作戦計画立案の中枢に長くいた経歴を顧みれば、最も避けなければならない人選であった。ところが日本では、彼ほど作戦計画立案と実行の経緯に知悉した者はいないから最も適任だという解釈になってしまう。要するに日本では、歴史に求められるのは客観性であるという近代歴史学が唱えた常識が定着していないのである。

日本軍による機密文書の大量焼却

終戦直後、太平洋戦線でもどこでも大量の文書類が焼却された。戦後、誰が命じたか論争が絶えないが、命令のあるなしに関係なく、敵に渡さないために本能的に焼くのが日本の軍人である。島嶼戦の太平洋戦線では、島をめぐる戦闘中だけ一時的に島の上に戦線が生まれるが、勝敗が決まると戦線が消え、敵味方の間に大きな距離が生まれる。沖縄戦後、日米軍は沖縄と九州南部に分かれ、数百キロ近い間隔ができ、この間にポツダム宣言が受諾された。米軍が日本軍の武装解除と降伏を受け入れる部隊を大急ぎで編成し、艦船に載せて日本に送り込むまでに一〇日、二週間が必要であった。機密文書等の焼却や隠匿に十分な時間ができたわけで、ベルリンまで連合軍が殺到して戦争が終結したドイツと大きく異なる点である。

日本が大量の機密文書を焼却し、そのため戦史編纂が著しく困難になり、太平洋戦争史の編纂につきまとう大きなマイナス条件になった。それだけに軍組織や作戦遂行の渦中にいて、よく経過を知っている者に編纂作業に入ってもらう便宜はよく理解できる。ただ直接の関係者が書けるのは記録（回顧録・備忘録を含む）であって、客観性・合理性を重んじ、時によっては批判を下す歴史編纂では、当事者を編纂者にしないのが厳粛なマナーである。

ウィロビーの旧軍人に対する尋問

資料の欠如を懸念したウィロビーは、日本側スタッフが揃わない以前に、河辺や有末の人選に基づき、戦争指導に関わった政治家、元軍人等に対する聞き取りを始めた。聞き取り対象になったのは、平沼騏一郎《ひらぬまきいちろう》、木戸幸一《きどこういち》、小磯国昭《こいそくにあき》、東郷茂徳《とうごうしげのり》、豊田副武、米内光政《よないみつまさ》ら政府、宮中、陸海軍の要人六〇〇人以上にのぼった(64)。

このうち、日本人スタッフが加わって昭和二十二年（一九四七）七月から二十五年十月に行われた旧陸海軍の高級幹部に対する聞き取りは二六四名にのぼり、戦争指導、作戦指揮、終戦工作等を主なテーマにして行われた。インタビュー記録は『GHQ歴史課陳述録』と題され、英訳される前の原本は防衛研究所に所蔵されている。服部が所蔵していたのを、彼の研究所が閉鎖されたさいに大量の史料を戦史室に寄贈しているので、その中に含まれていたと思われる。なお重要部分を抜粋し、同名の書名で上下二巻として編集しなおした陳述録が、平成十四年（二〇〇二）に原書房から刊行されている。

陳述録は、日米双方が取り組んだM戦史編纂には利用されなかった。執筆が終了していたとみられる昭和二十五年にも聞き取りが行われていたし、編纂方針に従えば、日本側だけでなくアメリカ側の戦争指導者たちにも聞き取りをし、両者の主張を対比し、双方の問題点を検討すべきであろう。だが編纂事業を秘密にしなければならない事情を考えれば、最初から不可能は自明のことで、聞き取り記録をM戦史編纂に利用する予定はなかった。

国立国会図書館憲政資料室には、"Statements of Former Japanese Official on World War II"旧日本軍人・官僚陳述書"GHQ/FEC, Military Historical Section, The Reports of General MacArthur"所収のマイクロフィッシュがあり、「ルソン島に於ける振武集団の作戦に就いて」といった歴史課が要求した首題、陳述者と大戦中の所属と階級、尋問日に関するデータが添附されている。首題は太平洋各地と日本本土での作戦に関するものだけで占められ、中国大陸や東南アジア関係はない。G2歴史課が太平洋における日米の戦争だけに焦点を絞っていたことがわかる。そのほかには、外交や国内での動きに関する質問が若干含まれる程度で、中国や満洲方面に関するものはない。

表7　GHQ/G2歴史課による尋問の推移

昭　和	20年	21年	22年	23年	24年	25年
尋問件数	1件	1件	78件	66件	260件	88件

次に尋問日を年ごとに整理してみると、昭和二十四年（一九四九）が最も多く、二十五年も比較的多いことが注目される（表7参照）。

後述するように、M戦史は、昭和二十五年（一九五〇）春ごろには脱稿していたといわれる。尋問後、英訳され、タイプで清書されるまでにかかる日数を勘案すれば、全体の七〇％を占める二十四年以降の尋問記録は編纂に利用できなかった公算が大きい。そうなると何のための尋問かという疑問が出るが、必ず目的があるはずと考えるのは日本人の悪い癖である。当座、使用目的がなくとも、数年後、数十年後に必要になる可能性に備えて、調査し記録を残しておくのが、その時その時に生きている者の義務である。こうした意識が何の疑いもなく受け入れられ、慣習化している国家は世界にいくらでもあるが、日本は特殊である。尋問の文字化も、こうした慣習に従った事業の一環であったが、記録の保存に無関心な日本人には理解が困難かもしれない。

尋問に呼び出された関係者は、陸軍関係三七一人、海軍関係二四二人、その他二七人に達し、割合は陸軍五八％、海軍三八％である。首題の範囲が、太平洋諸地域の戦闘から本土決戦に限られ、この線に沿って人選された結果であろう。太平洋方面の戦闘といっても、南西太平洋方面軍と日本軍との戦いに焦点を合わせている条件下では、陸軍関係者に対する尋問が海軍関係者を上回る結果になるのは当然であろう。

収集された大量の資料の行方

G2歴史課は地道な資料収集を続け、大井《おおい》篤《あつし》が「マッカーサー将軍が罷免された当時、この戦史班では太平洋戦争開戦から日本占領までのマッカーサー軍の作戦について、非常に大部の史料を収集し整理してあった(65)」と述べているように、一大コレクションを形成するまでになっていた。

大井は、「じつに多くの資料が収集されていることには驚いた」と述懐しているが、「その集めた資料は、米陸軍省にも提出せず、退役後も独占していたものが沢山ある(66)」と述べ、暗にウィロビーがアメリカに持ち去り、私蔵している噂のあることを示唆している。ウィロビーは日本文が読めなかったから、彼が個人的に持ち帰ったのは、米側の英文資料と日本語から英訳された資料であったと推察される。老後をフロリダで過ごしたウィロビーを当時徳間書店勤務の平塚柾緒氏が訪ね、その際、見たという書斎を埋め尽くした資料というのは、この英文資料であったとみられる。

ワイルズは、プランゲがあらゆる便宜を供与されたことを紹介し、資料収集について以下のように述べている。

占領等の命令によって、大学・公私の図書館は書棚を裸にして、単行本・雑誌・新聞の綴込み・手記・その他役にたちそうなものはなんでも日本郵船会社の彼の事務所に送り込んだ。日本側の政治家・軍人たちは東京に呼びつけられてその活動について尋問された。政府の役人は記録の提出を命じられ、彼らが隠匿している疑いがある場合は、その家庭・事務所まで捜査がおこなわれた。(67)

おそらく接収と称しながら、米陸軍省に諮りもせずに行った越権行為であろう。かなり乱暴な方法で資料収集をやったことがうかがわれる。こうして集められた資料の多くは日本語資料であり、ウィロビーの自宅の書斎に収まるような少ない量ではなかった。平塚氏には、これら資料を母校に寄贈したと聞かされたおぼろげな記憶があるが、ウィロビーの母校はドイツのハイデルベルグ大学であり、ありえない話である。やはり処置を任されたプランゲが、自分がつとめてきたメリーランド大学に寄贈したというのが最も現実的解釈だが、今日に至るまで同大学でその存在は確認されていない。

「プランゲ文庫」と呼ばれるコレクションは、検閲雑誌群として知られているが、図書群についてはほとんど顧みられない。プランゲの職務はM戦史の編纂であり、検閲業務には一切関与していない。彼が収集に係わったのはこれに関連する図書群であり、検閲資料はウィロビーからプランゲへのプレゼントである。

復員省史実調査部の協力の実態

G2歴史課の業務を助けたのは、前述のように第一・第二復員省の史実調査部の調査報告書であったが、G2歴史課と両史実調査部との関係には、不明朗な面が多かった。たとえばG2歴史課の事業に参加した日本人の多くが、服部や海軍の大前敏一《おおまえとしかず》のように史実調査部の職員であった事実である。兼務と解釈するのが実態に近いと考えられるが、両者の職員が同じであった場合、米軍側から調査要求を受ける史実調査部に独自性があったのかという新たな疑問が生じてくる。

史実調査部は「作戦、軍備、技術等史実ノ調査ニ関スルコト」が主な任務と規定され、全国にまだ残っている陸海軍諸機関がこの任務を後援する通達が発せられた。史実調査は連合国軍（GHQ）の要求に基づくものが多くを占め、復員省側が主体的に行う調査項目より多かった。以下の文書が、史実調査部の位置付けと役割をよく物語る。

日下連合軍ニ於テハ各種作戦関係事項ノ調査ヲ実施中ニシテ中央ニ於テハ作戦関係資料蒐集委員会之ニ協力中ナル処各地ニ於テ連合軍側ヨリ調査ヲ求メラレタル場合ハ左ノ要領ニ依リ協力ノコトトセラレ度

一　為シ得ル限リ正確ナル資料ヲ提供スルコト
不正確ナル資料ノ提供ハ連合国側ノ調査ヲ混乱セシムルノミナラズ我方ノ誠意ヲ疑ハシムルガ如キコトトナル特ニ留意セラレ度

二　政略、戦略ニ関スル事項ハ特ニ中央ニ於テ各種資料ニ基キ処理中ニ付此ノ種事項ハ地方ニテ処理スルコトナク中央ニ移サレ度

三　提供セル資料ハ中央ニ於ケル史実調査部宛報告セラレ度
（軍務第一第一九一九〇七号）

GHQの要求に応ずるには、資料提出を求められている事実を各機関に周知し、資料を滞りなく史実調査部宛に提出する態勢を作らなければならなかった。通達中の「作戦関係資料蒐集委員会」が史実調査部の源流である。日本側が独自に戦史編纂を行うために設置したが、GHQの要求が出たため、委員会を復員省の組織に入れることになり、名称も委員会ではなじまないので史実調査部にしたものである。

急がれる戦史編纂事業

昭和二十年（一九四五）、GHQ命令によって十月十五日に軍令部が、十一月三十日に参謀本部が、続いて翌十二月一日付で陸海軍省が廃止され、第一・二復員省の設置という劇的な組織改廃が行われた。これに伴い第一・二復員省は、それまで陸海軍省が行ってきた終戦処理業務を引き継ぐだけでなく、明治初期から続いてきた陸海軍の廃止業務をも合わせ行う機関になった。

これに伴い史実調査部も陸海軍省から第一・二復員省に移された。日本側の態勢が整うのを待っていたかのように、GHQは年末の二十五日と翌二十一年（一九四六）一月二十一日に太平洋戦史に関する「日本戦史」編纂の覚え書きを両復員省に手交し、関係資料の収集に当たるように指示し、前引の戦争記録調査の指示を一歩進めて、関係資料の収集を命じ、調査態勢づくりを急がせる意図が明らかになった。

GHQがこうした指示を重ねる背景には二つの目的があった。一つは当時GHQ・G3歴史課が進めていた調査活動の下請け機関にすること、もう一つはアメリカ本国で始まった各種戦争調査や米陸海軍省が行う戦史編纂のために、関係する資料や報告書を提供させることであった。

史実調査部の設置に伴い、「目下連合軍司令部ヨリ大東亜戦争ニ関スル各種緊急調査要求山積シアル」（軍務第一第二一五号）忙しさになり、「調査部部員ノサービスニ徹底シ資料捜シノ為労力時間ヲ徒費サセヌコト」および「成可ク速ニ今次戦争関係資料ヲ整理シ調査部部員執筆ニ当リ迅速ニ且ツ脱漏ナク之ヲ提供シ得ル態勢ヲ整エル」必要性が痛感され、部員の増員、関係者リストの作成、資料の収集と整理が急がれた。

陸軍省のあとを引き継いだ第一復員省には、事務処理に当たる陸軍省関係者が多く配置され、作戦計画の立案と実施に当たってきた参謀本部関係者の入る余地は少なかった。しかしGHQの調査命令は作戦戦闘に関するものが圧倒的に多く、史実調査部員にはどうしても参謀本部出身者が入らざるをえなくなった。

設置当初の史実調査部について、復員省記録は「約五〇名の職員ヲ以テ史実調査部ヲ構成シ作戦関係及政策関係ヲ取纏メ中ナリ」(68)としているが、他方、第二復員省史実調査部の方は、富岡定俊部長を中心に一四名の陣容で発足している。しかし、これだけのスタッフを集めても、

極メテ詳細具体的且統計的軍事諸資料ノ提供ヲ要求シ来リ今後益々増加ノ傾向ナリ。終戦当時一切ノ書類ヲ焼却セルト関係者ノ不在現地トノ連絡不如意等ニヨリ調査事務ハ真ニ困難ヲ極メ……

と、GHQ側の要求が専門的であっただけでなく、戦後の機密文書類の大量焼却に伴う資料不足等が影響し、満足すべき回答が出せない窮状を間接的に伝えている。

ＷＤＣによる陸海軍文書の接収作戦

ところがこうした状況の昭和二十年十月末、米陸軍省直轄機関であるＷＤＣ（Washington Document Center）がドイツでの任務を終えて来日し、ブラックリスト作戦の一環である陸海軍文書資料接収作戦を開始した。接収活動は広範囲かつ徹底的であった。戦史調査および戦史編纂の準備を進めていたＧＨＱ・Ｇ３歴史課、陸海軍の各調査機関にとっても、日本国内から重要資料が持ち出されるのは好ましいことではなかった。ＷＤＣのブラックリスト作戦がワシントンの米陸軍省直轄の活動である以上、ＧＨＱもこれを妨害するわけにはいかず、同作戦に必要な人員や車輌を提供せざるをえなかった。Ｇ２隷下のＴＩＳ（Translator and Interpreter Section）などは、通訳・整理・表題英訳・解説・梱包等まで担い、作業の中心的役割を果たさねばならなかった。

ＷＤＣは五ヵ月間の接収活動で約四五万点、七〇〇〇トン《ト》《ン》のリバティー船一隻分の文書類を接収し、ワシントンに近いポトマック河畔の倉庫に搬送した。接収資料はほとんど利用されず、一三年後に一部分が日本に返還されたが、ほかはアメリカ国内で行方知れずになった(69)。これら資料が日本にあれば、東京や横浜で行われた戦犯裁判で被告を弁護する有力な証拠になったし、戦争の経緯をもっと正確に具体的に明らかにできたにちがいない。とはいえ、まだ四〇万点以上の貴重な資料がアメリカにあることを忘れてはならない。

プランゲがＧＨＱ・Ｇ２歴史課に来てから行われたかなり強引な図書類収集は、ＷＤＣが去ったあとの落ち穂拾い的性格を免れない。ＧＨＱ命令により行われた日本政府の各種調査も、ＷＤＣの接収作戦により著しく制限され、机上の資料もいつＧ２歴史課に接収されるかもしれなかった。ＧＨＱ内の目的の重なる諸機関は互いに競合関係にあり、調査研究に止まらず、資料収集も競争的に行った。さらに米本国の陸海軍機関から各種の調査要求が舞い込んでくるため、G3またはG2の歴史課といえども史実調査部を独占することは許されなかった。

史実調査部が担った任務

史実調査部の最も重要な任務は、アメリカ側から請求される各種題目について、調査し報告書を提出することである。たとえば、米海軍から出された「あ号作戦時ニ於ケル彼我母艦搭乗員ノ術力ニ関スル判断如何、同作戦ニ於ケル我カ機動部隊ノ計画及実施ノ見透シ並ニ之カ将来戦ニ於ケル兵術的価値ニ対スル所見如何」[70]の質問について、第二復員省史実調査部は大前敏一を座長とする座談会を開催し、小澤《おざわ》治三郎《じさぶろう》、古村啓蔵《こむらけいぞう》、青木茂《あおきしげる》、黒島亀人《くろしまかめと》、渡辺安次《わたなべやすじ》、淵田美津雄《ふちだみつお》、草鹿龍之介《くさかりゅうのすけ》、高橋千隼《たかはしちはや》、池上二男《いけがみつぐお》、鈴木栄二郎、源田実《げんだみのる》、山本親雄《やまもとちかお》、松崎重吉《まつざきじゅうきち》らを数人ずつのグループに分けて出席してもらい、出席者の証言を報告書としてまとめ、米海軍に提出している。座談会出席は、収入を失った元軍人たちの貴重な収入源になったという伝聞もある。

第一復員省史実調査部が要請を受けて行った調査は、三九五件（四一七件の記録もあり）にのぼり、米側への報告書の提出は昭和二十二年から二十七年（一九五二）に及んでいる[71]。作戦記録に関するものが多いが、なかには「戦争記録調査部に日本将校配属の件」とか「戦史編纂業務について」といった日本側の調査機関の内情に関するものまであり、報告書は講和条約締結後まで提出されつづけている[72]。このうち二五五件は、提出年月日が付記されている。各年の提出状況を見ると、表8のようになる。

調査活動を進める過程で資料・情報不足が痛感されるようになり、そのうえ、アメリカ側から寄せられる調査請求も予想がつかないものもあり、広範囲にわたる調査をしておくに越したことがなかった。こうした事情もあって、係員を各引揚港に派遣し、復員した連隊長や大隊長クラスに、B４判四枚綴りの調査用紙「史実調査参考資料報告書」に、部隊の略歴、作戦状況、終戦後の概況等について記入を求める一方、とくに重要な作戦に携わった指揮官に直接聞き取りを行った。部隊の戦地に渡った以後の消息が不明となっていたものが、この作業によって明らかになったものが多い。

表8　史実調査部による調査状況

昭和年度	20	21	22	23	24	25	26	27	28
件　数	41	35	33	28	33	18	20	27	20

調査部員人選の根拠

服部が第一復員省史実調査部長になったのは、開戦直前を含めて二年九ヵ月にわたり参謀本部において作戦計画立案と実施の中枢を占め、昭和十七年（一九四二）十二月から十八年九月までは陸軍大臣秘書官として戦争全般を眺めることができた経歴があったからだ。作戦面で服部以上に精通していた者がいなかったのは事実であろう。

これに対して、海軍軍令部で陸軍の服部に相当するのは富岡定俊である。昭和十五年（一九四〇）十月から軍令部第一部第一課長（陸軍の作戦課長に相当する）となり、十八年一月に「大淀」艦長に転出するまで、その職にあった。その後、南東方面艦隊参謀長等をつとめ、十九年（一九四四）十二月に帰国し、軍令部第一部長になり、終戦時もその職にあった。

海軍が陸軍と異なるのは、軍令部が海軍で唯一の統帥権の輔翼機関でありながら、これを脅かすような連合艦隊司令部が存在していたことで、第一課長がすべての海軍作戦計画の立案と実行を指導していたわけではないことである。しかし海軍内で、全作戦計画について知りうるポストであったことはまちがいなく、史実調査部における作戦戦闘に関する資料収集と報告書の作成を指導する適任者であったことは疑いない。

史実調査部の活動期間と調査内容

ＧＨＱ・Ｇ２のＭ戦史編纂が本格化するのは昭和二十二年であり、終了するのは二十五年初頭とみられる。史実調査部がＧＨＱの下請け的機関であったとはいえ、独自性も残していたことから、史実調査部の活動は、これより早く開始され、終了も遅かった。史実調査部員でＧ２歴史課のスタッフを兼任した者は、Ｍ戦史を執筆するために、史実調査部の調査成果を利用したことがあるはずで、その意味では、Ｇ２歴史課の付属機関的位置付けにあったともいえる。

Ｇ２歴史課のＭ戦史編纂は、南西太平洋方面軍の作戦戦闘史に特化していたが、それならば史実調査部に対しても、その方面の戦闘史の調査を数多く請求するはずである。ところが「戦史関係回答書類索引目録」に基づき調査項目を数えてみると、

マッカーサー元帥の戦略に関する意見	一件
比島関係	五〇件
比島航空関係	三件
南東太平洋方面（東部ニューギニア含む）	八件

第四航空軍関係　　　五件

〔合計〕　六七件

にしかならない。つまりG2歴史課のM戦史編纂と史実調査部の調査活動とは、緊密な関係になかったということになる。米政府および米陸海軍の質問はGHQを通して史実調査部に請求され、回答はTISの英訳作業を経たのち、請求先に送付された。おそらく史実調査部員にしてG2歴史課を兼務した執筆者は、このルートを通さずに調査の依頼や資料の貸し借りを行っていたのではないかと推察される。

復員省は、その後、第一・二復員局、厚生省第一・二復員局、厚生省復員局、引揚援護庁、厚生省引揚援護局と名称と組織替えを繰り返した。服部は、引揚援護庁の復員局資料整理課長を最後に職を辞し、自ら史実研究所を開設して所長についたのは昭和二十七年十二月である。GHQの調査要求に対して日本語で報告書を作成し、英訳して提出したのが昭和二十八年（一九五三）末というプロセスを考えると、二十七年末には、おおむね調査と報告書の作成を終了していたと考えられる。

五〇名にのぼるスタッフの面々

回答の付記からは、第一復員省史実調査部の部員・嘱託・協力者の区別ははっきりしないが、職責不詳の氏名だけは明らかになる。前引の「戦争調査会資料綴　三」では約五〇名にのぼるとされるが、その一部を紹介する。

服部卓四郎、石割平造《いしわりへいぞう》、堀場一雄、藤原岩市《ふじわらいわいち》、原四郎、秋山紋次郎《あきやまもんじろう》、山口二三《やまぐちじぞう》、橋本正勝、田中耕二、青島良一郎、板垣徹、新井健、羽場安信、水町勝城《みずまちかつき》、石井正美《いしいまさよし》、山田成利、小川逸、猪野正、深谷利光、岩野正隆、多田督知、内藤進、宮子実、佐藤勝雄、林三郎、中島義雄、佐藤徳太郎、和《わ》田盛哉《だもりや》、岡田安次、田島憲邦、……

これらの中には、昭和二十七年十二月に復員局を去った服部が、翌年四月に東京市ヶ谷に設立した史実研究所のスタッフに名を連ねている者が多い。彼らは周囲から「服部グループ」と呼ばれ、『大東亜戦争全史』を出版したほか、日本再軍備計画の素案づくりにも奔走した。

一方、富岡が調査部長の職にあったのは昭和二十六年（一九五一）ごろまでらしく、そのときまでに作戦関係全般の作業を終えていたといわれる(73)。土肥一夫によれば、はじめ史実調査部は海軍省の一室を使っていたが、史実調査部の看板を掲げたところに、目黒の旧海軍大学校物理化学講堂に移ったという。当時富岡を支えていたのは、山岡三子夫《やまおかみねお》（終戦時、海軍総隊参謀）と大前敏一（終戦時、第一部第一課長）で、ほかに二〇人ぐらいの部員がいたと述べている。

史実調査部編の「史実調査部資料整理要領及び分担」（昭和二十一年四月から十一月十八日）には、作戦班の構成員が記録されている。それによれば、大前敏一を班長として、班員は以下のようになっている。

土肥一夫（修史主任）、寺井義守（調査主任）、十川潔（資料保管整理主任）、山口史郎（海陸協同作戦担当）、三上作夫（海上作戦、作戦全般ニ関スル事項担当）、千《ち》早正隆《はやまさたか》（連合国関係各部トノ折衝担当）、石黒進（情報及通信ニ関スル事項担当）、深水豊治（機関及整備ニ関ス

図16　服部卓四郎

ル事項担当）、有馬敬一（航空作戦ノ一部担当）、加藤源吉（給養補給ニ関スル事項担当）、一色忠雄（会計経理庶務担当）、潜水艦及水上水中特攻作戦は欠員中

この中には山岡の名が見えず、部員数も二〇人に届かない。おそらくもう一つ班（企画班か）があり、その班長が山岡で、彼の下に一〇人近い班員がいたと推測される。

第一・第二復員省史実調査部の部員と、服部や大前敏一のようにGHQ・G2歴史課の日本側スタッフとは、重複する者が多い。適任者を見つけるのはそう簡単ではなかったということであろう。

なお昭和二十三年（一九四八）六月に復員局が改組されて開庁した引揚援護庁の組織は四局構成で、その一つである復員局のもとに資料整理課があった。その任務を見ると、「連合軍の要求に基く史実資料の調製及び整理に関する事務」とあるので、史実調査部が縮小格下げされ、名称まで変更されたものと考えられる(74)。井本熊雄《いもとくまお》の回想に、史実調査部長の名称がいつのまにか資料整理課長に変わっていたと記しているのも、業務の減少と組織の縮小に伴う変更であった(75)。

編纂された戦争記録とその評価

先に引用した「戦史関係回答書類索引目録」は、昭和二十九年（一九五四）三月に引揚援護局復員局資料整理課が作成したもので、GHQに提出した回答書類の全目録である。この中に、「新作戦記録編纂計画」、「新作戦記録編纂頁数概数」、「旧作戦記録頁数調査表」、「未提出作戦記録提出予定」、「新に編纂する作戦記録提出予定表」が見える。

これらは、二十年十月十二日付の「戦争記録調査の指示」（SCAPIN. No. 126 日本国政府命令第一二六

号）を根拠に、陸軍省および参謀本部の所有する歴史的諸記録と公式記録が復員局に移管され、復員局がこれら記録に基づいて「戦争（作戦）記録」を作製することになり、まとめられた記録（報告書）に関するリストであることが添え書きに示されている。なおこの指示に基づく作業機関として、第一復員省に史実部、第二復員省に史実調査部が設置されたが、本論では前述したように両者を史実調査部としている。(76)

「戦争記録」は昭和二十九年までに大部分が編纂を終え、アメリカだけでなく、イギリス、オーストラリア等にも提出されたことが確認されている。アメリカに提出されたものは、国務省経由で米議会図書館アジア部日本課に保管された。これを議会図書館のスタッフであった吉村敬子《よしむらよしこ》氏が、"Japanese Government Documents and Censored Publications", complied by Yoshiko Yoshimura, Library of Congress, Washington 1992 としてまとめた。その解説によれば、「本作戦記録にある基礎資料は元将校によって作製されたものであり、これら元将校は作戦間大部隊の指揮に当たるか、参謀としてこれを補佐した経歴を有する者ばかりである。当時の命令、計画、日誌類の原本は作戦間あるいは空襲によって大半が失われ、殊に軍務局及び作戦部にあるべき兵力に関する正式記録を全失している。しかし重要な命令、作戦計画、概算等の多くは彼ら元将校の記憶によって再生され、原本と一字一句同一とはいえないまでも、ほぼ正確であり確信できる内容である」(77)としており、米側が高い評価を与えていたことを示唆している。

表9　「戦争記録」の収蔵状況

所蔵施設	件数
米議会図書館	294件
英帝国戦争博物館文書課	324件
豪戦争記念館	67件
国立国会図書館憲政資料室	187件

聞き取りで補塡された戦争記録

記録の欠落を関係者の聞き取り・聞き書きで補塡したのが、史実調査部が作成した報告書の特徴である。「ほぼ正確」という表現が当を得て妙だが、のちに編纂される防衛庁の「戦史叢書」でも、資料の欠落に関する事情は少しも変わらず、どうしても関係者へのインタビューや備忘録等の提出で欠落を埋めなければならなかった。史実調査部は、復員直後の関係者に対する聞き取りができた。その数は膨大な量になった。これに対してのちの「戦史叢書」は、資料不足を二万二〇〇〇点の返還資料と、昭和三十一年（一九五六）から開始された一万五〇六六名にのぼる聞き取りで補っている。(78) GHQの請求を受けた報告書の提出に忙殺された史実調査部の「戦争記録」と、日本政府の公式戦争記録として時間をかけて編纂された「戦史叢書」との比較には無理があるが、裏付け資料の性格、編纂時の国家の姿勢の違いなど、看過できない背景のあることを忘れてはならない。

こうして完成した報告書は「戦争記録」として、アメリカをはじめ若干の連合国に提供された。「戦争記録」は一項目が数十頁のものもあれば、単独で本一冊になる数百頁にのぼるものもある。これらは英訳文をつけて連合国各国に提出されており、現在、所蔵が確認されているのは米議会図書館、英帝国戦争博物館文書課（Imperial War Musium）、オーストラリア戦争記念館（Australian War Memorial）、日本国立国会図書館憲政資料室の四ヵ所だが、各国の和文記録所蔵件数を紹介すると、表9のようになる。

日本政府から送付された全「戦争記録」を保管しているのは、英帝国戦争博物館だけで、米議会図書館の戦史記録については、元の所蔵先が不明だが、おそらく陸軍省であろうと思われる。日本の国立国会図書館憲政資料室の記録は憲政資料室に収まった経緯が不明である。オーストラリア戦争記念館の所蔵記録は、同国が関係するものだけに限られている。オーストラリア戦争記念館以外の三施設の所蔵記録は、第一・二復員省（局）の両史実調査部編纂のもので、一方のみのものではない。

戦闘の規模、期間等により地域間の差が出るのはやむをえないが、満洲や本土の戦備に関するものが多く、最も長期化し戦闘も激しかったニューギニア戦やソロモン戦に関する記録がわずかしかないのは、帰還者の絶対数が少ない実態を反映したためであろう。聞き取りを資料源とする場合、復員兵が多い地域は資料が多くなり、復員兵が少なければ資料も少なくなるが、むしろ少ない方が激戦地である場合が多い。この点で、「戦争記録」は戦闘の実態を適正に反映しているとはいえないかもしれない。

しかし復員直後の聞き取りを資料源とする「戦争記録」は、ずっとのちになって行った聞き取りを資料源とする「戦史叢書」に対して、記憶が新鮮であったという意味で貴重な価値を有するものといえるであろう。

四　『マッカーサーレポート』の刊行

対立を抱えた日本側の執筆陣

日本郵船ビルのGHQ・G2歴史課が進めるM戦史編纂における日本側の執筆状況は、断片的にしかわからない。数少ない伝聞によれば、開戦経緯は荒木光太郎自身が担当し、これを服部卓四郎、原四郎が支援したといわれる。荒木の体制派的姿勢からして、当然ながら日本の立場を肯定し、開戦をやむをえない選択として容認する内容であったらしく、極東裁判に対する連合国側の認識と大きく乖離してしまうため、大井篤によれば、この部分をあとで米側が書き直したと伝えられる。終戦の部分は海軍出身の大井篤が担当したが、米内光政や井上成美の終戦工作を評価した記述に対して、陸軍の服部や荒木光子までが陰謀と断定して削除を求めたことから、日本側内部で意見対立が生じた。

こうした齟齬や対立があったが、執筆はおおむね順調に進み、朝鮮戦争が勃発する昭和二十五年（一九五〇）春ごろには脱稿に漕ぎ着けた。歴史課の仕事はこれだけでなく、米陸軍省への報告書提出、陸軍諸学校が使用する「一般情報叢書」編纂など広範囲にわたったので、この期間内でできたことは驚嘆に値する。(79)

印刷は、日本の印刷所で密かに行われたが、会社名はわかっていない。刊行前に米陸軍省に知られるとまずかったため、部内の印刷機関を使うわけにいかず、秘密を守りやすい日本の印刷所を使用した。それには色彩にうるさい荒木光子の註文を実現するには、大手印刷所に任せた方がよいという判断もあったのだろう。

カラー図版を多用したビジュアルな完成本

荒木光子の主張で、写真は一切使わず、日本で著名な画家に描かせた極彩色の戦争画、地図や図表・日本軍公文書・ポスター・詔書等を収録することにした。ビジュアルを重んじる構成にしたのである。作戦経過要図類は日本文とローマ字の並記で、白黒地図もあるが、大部分はカラー地図である。地上部隊や艦隊の編制や兵力部署も、ローマ字・英語と日本文の並記で、英書であることを忘れそうになる。戦争画はスケッチ画・油絵などで、すべてに画家の氏名がローマ字で記載されている。第二巻第二冊を例にとると、以下の画家が名を連ねている。

栗原信、宮本三郎、伊藤悌三、藤田嗣治、岩田専太郎、福沢一郎、硲伊之助、鈴木誠、向井潤吉、寺内萬治郎

いずれも日本では著名な画家ばかりで、藤田嗣治や宮本三郎のような世界的画家の作品も収められている。戦争画はいうに及ばず、カラーで作成されたものは、ことのほか色彩にうるさい光子の希望に沿ったものであろう。オリジナルに限りなく近い色を出すため印刷所に日参し、何度も試し刷りをして色調の調整を繰り返した。まさに金に糸目をつけずに作成された。機密保持の観点からも、日本国内の印刷所を使用する方が安全であったが、彼女の註文に応じるには、色調を調整できる高い能力をもった職

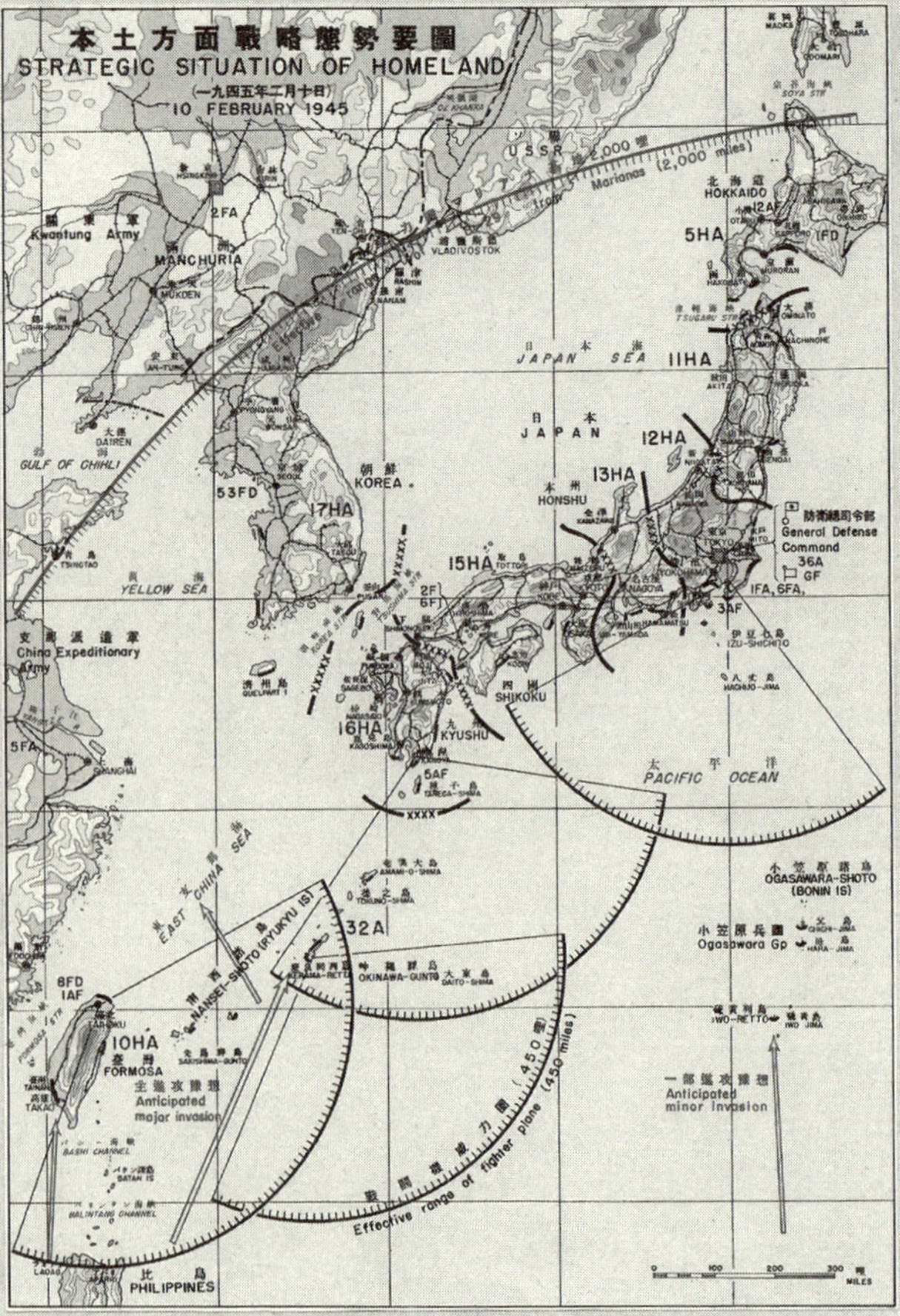

PLATE NO. 144
Strategic Situation of Homeland, 10 February 1945

RG331-MH-2-144

図17　『マッカーサーレポート』に収められた図版

人がいる点からも、日本の印刷会社を選んだにちがいない。

再びワイルズによれば、横八インチ、縦一二インチ、二段組、三巻本で合計一二〇〇頁、なかには一流画家が描いた絵四〇枚、色刷り作戦地図三五〇葉が盛り込まれた立派な本が出来上がったといわれる(80)。ワイルズの数え方は、全四巻だが戦史は三巻で、残り一巻は日本占領史で、これにはワイルズは一切タッチしていないので触れないということだろう。なおウィロビーと親しかった有末精三は、「わたしは見たこともないし、況んや記憶には全然ない」といっている(81)。丸山一太郎は、「編纂は……二十五年十二月に終了し、翌年初め五部だけが印刷され、マ元帥解任後ウィロビー少将の帰米の際に全部持ち帰られた」と、ワイルズに近い回想をしている(82)。

ワイルズは朝鮮戦争が勃発した翌年初めに、発注した某印刷所で五セットが完成したとしている。丸山の回想と付合し、昭和二十六年（一九五一）初頭に完成したことになる。荒木光子がわがままを通した原色図版はまばゆいばかりで、内容の高い水準を思わせた。だが閲読したマッカーサーが内容に不満を表したため、準備を進めていた出版は見送られた。朝鮮戦争中に、これだけ大部の本をマッカーサーはどこまで目を通すことができたのか、そして何が不満であったろうか。ワイルズは、戦争史の完成とマッカーサーの解任時期はほぼ同じであったとして(83)、出版できなかったのは、解任のせいだったように解釈しているが、これは記憶違いかもしれない。

マッカーサー解任と関係資料の隠匿

マッカーサーの解任発表は、昭和二十六年四月十一日である。解任の真の理由は闇の中だが、中国義勇軍の参加によって朝鮮戦争の戦況は一進一退となり、この打開策をめぐって、トルーマン大統領とマッカーサーとの間に抜き差しならない対立が生じ、ついにマッカーサー解任が決定されるにいたったというのが通説である。

解任された五日後の四月十六日、マッカーサーは羽田から離日した。それから一ヵ月余の五月二十二日、ウィロビーは、マッカーサーと違い横浜港から船で帰国した。彼は帰国直前に証拠になるようなものはすべて処分したといわれる。

日本郵船会社班の日本側専門家の言葉によれば、軍の副官が大急ぎで、印刷所に派遣され、大あてに五組の組見本をとりまとめ、ほかの組見本は全部破棄し、組版はこわすことを命じ、原稿その他のオリジナルな資料はすべてトラックに積んで、東京のある秘密倉庫に運ばれたということである。[84]

東京の秘密倉庫に運び込まれたという資料群は、今日にいたるまで紙切れ一枚見つかっていない。ウィロビーは帰国に際し、編纂作業が一とおり終了したとして歴史課の解散を命じた。彼がいなくなった六月、歴史課は極東軍総司令部歴史課（Military Historical Section）に改編された。大井篤と服部卓四郎らの一部スタッフは、ウィロビーの意向もあって補綴修正作業のために新しい歴史課に残った。大井は昭和二十六年末まで、また服部は二十七年（一九五二）八月まで作業を続けた。

前述のように、ウィロビーは、帰国に際し多数の英文資料だけを持ち帰った。日本語が読めなかったウィロビーが日本語資料を持ち帰ったとは考えにくいからである。前述したごとく、日本語図書を含む資料類はプランゲが持ち去り、メリーランド大学に持ち込んだのではないかとみられる。

完成本五セットの行方

丸山が回想しているように、完成した五セットは、ウィロビーが持ち帰ったにちがいない(85)。五セットは、その後、どのようになったのであろうか。また河辺虎四郎によれば、昭和二十九年（一九五四）ごろ、ワシントンのウィロビー少将より英文刷りの「戦史抄」を受け取ったというが、それは一体どのようなものだったのか。河辺はおよそ一〇〇〇頁ぐらいのボリュームであったと記憶しているが、不鮮明な点が多い(86)。

ウィロビーと親しかった有末精三は、昭和三十四年（一九五九）九月、ワシントンのウィロビー邸を訪れ、そこでウィロビーから、例の戦史は目下印刷中だが、二つの理由で公刊が困難であること、一つは元GHQ民政部長のホイットニーとの不仲、もう一つはペンタゴンとの軋轢である旨を聞いている(87)。ペンタゴンとの軋轢の理由を明かしていないが、出先司令部の編纂した報告書を単行本として刊行した前例が過去になく、ペンタゴンも承認しにくかったのであろう。

ではマッカーサーの不満がどこにあったのか、ウィロビーだけで修正できる程度であったのか何も語っていない。刊行された『マッカーサーレポート』でも、歯が浮くようなマッカーサーを礼讃する記述が多い。以後、M戦史の刊行名を再び『マッカーサーレポート』とする。マッカーサー賛美ではGHQ・G3歴史課の報告書とあまり違っていない。この点にマッカーサーが不満を抱いていたのかわからないが、米陸軍省への公式な報告書とすれば、個人賛美はつとめて避けなければならないことぐらいマッカーサーもよく承知していたのではなかろうか。

帰国後のウィロビーは、フランスに駐在武官として派遣された以外、ワシントンに住居を構えていた。

ウィロビーを追いかけるようにプランゲも二ヵ月後に帰国したが、それまでの間、新設の極東軍総司令部歴史課長代行をつとめた。帰国後はメリーランド大学歴史学教授に復職し、プランゲ文庫の設置につとめながら、学生教育に情熱を燃やしている。同大学は、ワシントンの郊外に近い位置関係にあり、地下鉄、バスを乗り継いでもそう時間がかからない。ウィロビーとの交流は帰国後も続いたらしく、『マッカーサーレポート』の修正を頼むことも可能であった。

有末は、昭和四十一年（一九六六）にもワシントンを訪れ、再びウィロビーに会っている。この間、マッカーサーが昭和三十九年（一九六四）四月に死去している。これを境にペンタゴン内の空気が変わり、出版に対する反発的空気がなくなったとみられる。マッカーサーに冷遇されたアイゼンハワーが、第二次世界大戦中から戦後にかけて米陸軍やペンタゴンの強い支持を集め、ついで支持がアイゼンハワー贔屓に変わるとともに、マッカーサーには冷ややかになったといわれ、それが出版にもわざわいしていたとする見方もある。

マッカーサーの死が、出版の障碍を取り除き、二年後の四十一年にようやく完成にいたった。ウィロビーは、出来上がったばかりの初冊を手にしながら、ようやく五部一組の立派なものが出来上がったこと、あとの四冊も大変立派なものであること、マッカーサーの在世中に見せたかったこと等を語った[88]。帰国したら吉田茂首相に自衛隊に対して五〇〇部か一〇〇〇部くらい買わせるように頼めといいながら、有末は広告パンフレットを手渡されたという。

有末は五冊一セットと記憶しているが[89]、昭和四十二年（一九六七）にペンタゴンが各機関に配布したのは、四冊一セットであった。なぜこのような差異が生じるのか、記憶間違いとみるほかない。数種の版本があったとは、とうてい思えないからである。

帰国した有末は、日本郵船ビルで一緒に仕事をした仲間や吉田首相に連絡したが、「余りに厚巻かつ高価のためそのままに」なってしまっただけでなく、読売新聞社が該書の翻訳出版を企画したが、これも立ち消えになってしまったという(90)。読売新聞社には子細を知る編集者はなく、どこまで進んだ話かわからない。

アメリカ国内では宣伝パンフレットが広く配布されたが、一般には売れなかったらしく、書評もなく、論文や著書等での引用もないことから、研究者にもほとんど読まれなかったらしい。日本でも、全訳はもちろんのこと、部分訳も刊行されなかったから、その存在を知る人もほとんどいなかった。本書の編纂はニミッツの米太平洋艦隊および海兵隊の戦いを中心に描かれた太平洋戦争史に対抗し、南西太平洋方面軍の戦いに焦点を絞った戦史をつくることが目的であったが、刊行のタイミングを失して海軍に偏重した従来の戦史に反省を迫ることはできなかった。

国立国会図書館では、平成五年（一九九三）に米国立公文書館所蔵の『マッカーサーレポート』をマイクロフィルム化し、憲政資料室で利用できるようにした。また平成十年（一九九八）十月、株式会社現代史料出版が、竹前栄治氏の解説と日本語の目次を付して復刻した。同社も竹前氏も本書の複雑な経緯には思いいたらなかったらしく、解説もこれには触れていない。

五　『マッカーサーレポート』の検証

政府刊行物とされるまでの苦難

米軍グループと日本軍グループがそれぞれの角度から取り組んだ異色の戦史が完成したのは、昭和二十五年（一九五〇）春である。この年に五部が印刷されたが、しかし前述のようにマッカーサーの納得を得ることはできなかったと伝えられる。

これから一六年後、米政府印刷局が印刷し、同ドキュメント管理官によって発売された。非常に美しい仕上がりをみせ、印刷局も非常な努力をはらったことがうかがわれる。書名は『マッカーサーレポート』だが、日本から持ち込まれたときもこの書名であったのかはわからない。

マッカーサーの後を追うように帰国したウィロビーは、マッカーサーの納得を得られるべく、何度も手直しを行ったが、生前に刊行されることはなかった。マッカーサーの死去後、貴重な記録として広く読ませるべきだという声が起こり、米陸軍省も政府刊行物として出版することにしたといわれるが、実際のところはよくわからない。第一巻の「はしがき」に「正確性を欠くところがあっても陸軍省は責任を負わない」という陸軍省による本書への信頼性を損ねるがごとき但し書きが添えられているのをみると、米陸軍としては本当は出したくないというのが本音であったように思われる。

米陸軍省のコメントは、本書に間違いが多いという意味ではなく、本書が米陸軍省の責任において編纂されたものではなく、したがって間違いがあったとしても責任を負えないという意味であろう。つまり米陸軍の規則を破って編纂されたものであることを間接的に認めているわけである。これだけの大部の書籍になったものを『マッカーサーレポート』としたのは、陸軍省として出先の司令部から受け取れるのは「レポート」だけであって、自己完結した戦史を認めないとの規則を変更する意思のないことを間接的に表明している。

刊行されたレポートの特徴

ウィロビーが昭和三十一年（一九五六）初頭に書き上げた『マッカーサー戦記〈I〉』の「はしがき」には、四巻の内訳について、米側が編纂したバターンから東京にいたる戦史二巻、同じく米側編纂の日本の軍事占領史一巻、日本側の編纂した戦史一巻としている。だが完成した『マッカーサーレポート』は二巻で、第一・二巻がそれぞれ二冊構成の全四冊、第一巻二冊は米側、第二巻二冊は日本側の担当である。三十一年の「はしがき」から『マッカーサーレポート』が刊行される四十一年までの一〇年間に、大幅な変更があったことになる。

米側編纂の第一巻は、第一分冊が「マッカーサーの太平洋作戦」と題され、開戦から日本の降伏までの作戦戦闘記録で、第一・二次フィリピン戦およびニューギニア戦の戦闘が大部分を占めている。第二分冊は第一巻補遺で、「日本におけるマッカーサー・占領・軍事的局面」と題され、占領から一九四八年までの占領の経緯と対日指導を扱っている。つぎに日本側編纂の第二巻は、「南西太平洋地域におけ

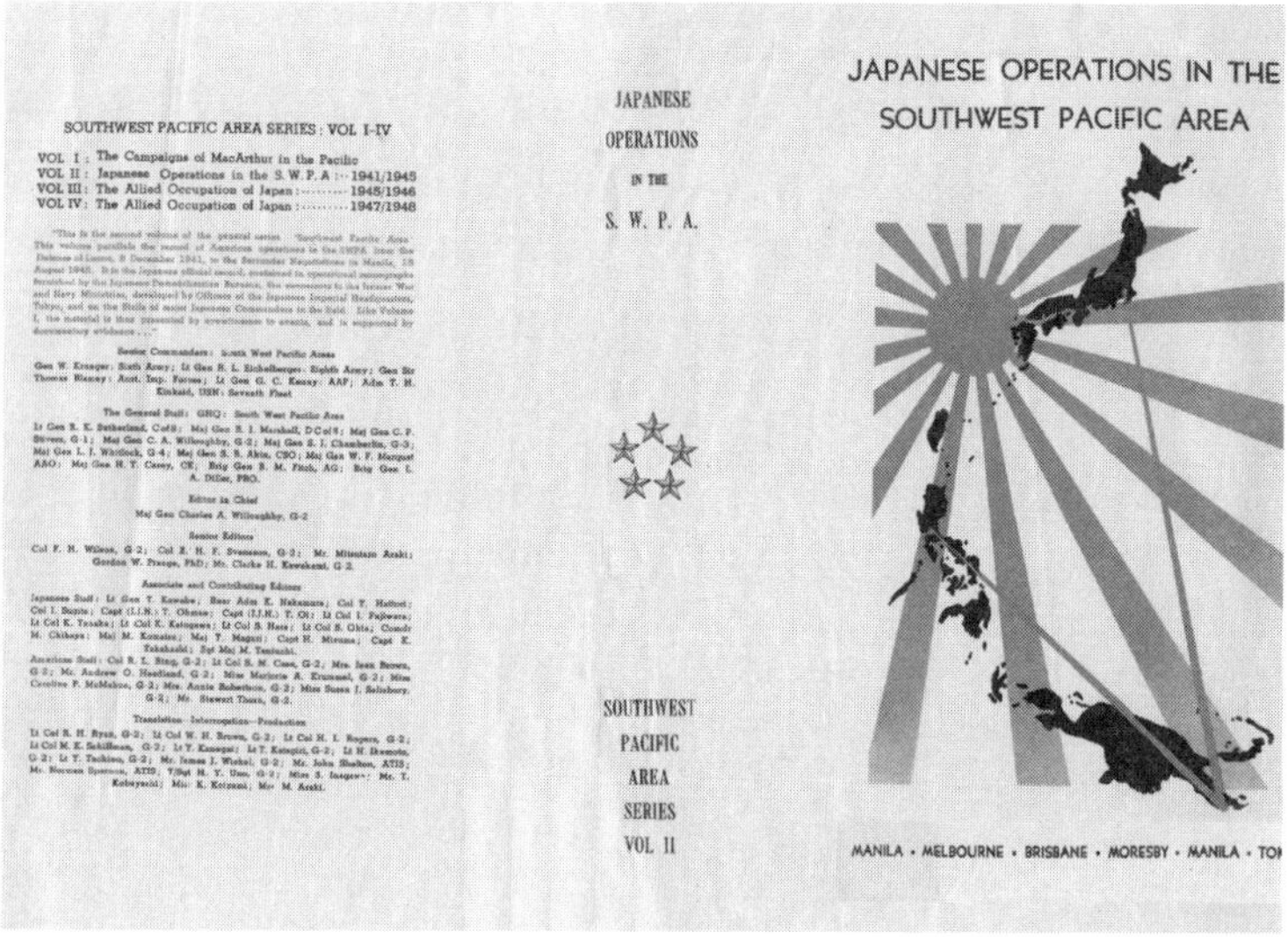

図18　『マッカーサーレポート』第１巻第２分冊

る日本の作戦」と題され、第一分冊が開戦からニューギニア戦の終了まで、第二分冊がレイテ戦から日本の敗戦と連合軍進駐を扱っている。日米二冊ずつの構成である。ウィロビーの苦心の修正の末の結果なのかわからない。二冊を一冊にする苦労は大変なものだが、一冊を二冊に増すのはもっと大変である。

『マッカーサーレポート』編纂の表向きの目的は「レポート」（報告）であり、そうなれば戦闘記録と米側が編纂すべき占領の記録も作成しなければならない。ウィロビーの『マッカーサー戦記〔Ｉ〕』の「はしがき」にある米側戦闘記録二巻、同占領記録一巻、日本側戦闘記録一巻というのが、客観的に見て均衡の取れた構成である。ところが何らかの理由で、米側二冊・日本側二冊、米側戦闘記録一冊に対して日本側二冊というおかしな構成になってしまった。これではどちらが勝者でどちらが敗者なのかわからない構成で、誇り高いアメリカ人であれば憤りを感じるかもしれない。

各分冊の目次を見ると、南西太平洋方面軍司令官であったマッカーサーが関係した作戦戦闘、ＧＨＱ最高司令官として関わった対日占領政策に絞られた内容になっている。一方、日本側はどうだろうか。米軍側の南西太平洋は日本側の南東方面に当たり、陸軍ではソロモン方面の第十七軍、東部ニューギニアの第十八軍と第四航空軍、西部ニューギニアの第二軍、さらに第十七軍と第十八軍を指揮した第八方面軍、第二軍を指揮した第二方面軍、そしてフィリピン・レイテの第三十五軍、ルソンの第十四方面軍の隷下にあった師団、旅団、連隊等の作戦戦闘を縷々記述する内容である。

米軍側はマッカーサーの指揮を切り口として執筆すればよいが、右のように幾つもの軍・方面軍に分かれた日本側の記述は難しい。おおむねこの地域は、大本営直轄地域であったから、大本営陸軍部の戦争指導がどうしても欠かせない。米軍の南西太平洋方面軍司令部のような、この地域の作戦に専従する大きな権限を与えられた司令機関がなく、せいぜい方面軍のレベルにすぎず、そのため大本営陸軍部の指導の比重が増すことになる。したがって大本営参謀であった服部や彼の部下たちが集まって編集作業に当たるのは、記録を残すという条件付きならばともかく、それ以上のことをしてはならない。

このように日米の条件の違いを抱えた編纂事業が作り上げた『マッカーサーレポート』の内容について、各章を紹介しながら検討を加えてみたい。なお章は、いくつかの項から成り立っているが、その中から全体の流れを象徴すると思われるものだけを選んだ。また目次の翻訳は、現代史料出版版を参照し、若干手を加えた。

1　第一巻第一分冊について

レポートの内容①——日本降伏まで——

〈目次概要〉

第一章　太平洋における日本軍の攻撃
真珠湾、フィリピン攻撃、バターンの戦闘、オーストラリアへの脅威……
第二章　南西太平洋軍の結成
マッカーサー将軍オーストラリアに到着、南西太平洋軍総司令部設置……
第三章　日本軍の進撃阻止
ポートモレスビーの強化、珊瑚海海戦、ミッドウェー海戦、ココダ街道、日本軍のブナ近辺への上陸、ミルン湾の戦闘……
第四章　パプアニューギニアにおける掃蕩作戦
オーエン・スタンレー山脈の掃蕩作戦、ガダルカナル島、ブナ陥落……
第五章　パプアニューギニアから北上
ワウへの苦闘、ビスマーク海海戦、ナッソー湾からサラマウアへ、ナザブおよびラエ、フォン半島占領……
第六章　ニューギニア西進作戦

ホランディア・アイタペ方面への侵攻、ビアク島への苦闘、ヌンフォール島・アイタペの反攻、サンサポール占領……
第七章　フィリピン―戦略的目的
レイテ島侵攻作戦、モロタイ島、作戦におけるフィリピン人の役割……
第八章　レイテ島作戦
レイテ湾の掃海、マッカーサー元帥の帰還、スリガオ海峡の戦闘、サマール沖海戦、日本海軍の敗北、オルモック占領……
第九章　ミンドロ島およびルソン島作戦
ミンドロ島の占領、リンガエン湾への猛攻撃、マニラへの最終進撃、バタンガスおよびビーコウル半島の掃蕩……
第十章　フィリピンにおけるゲリラ活動
ミンダナオ島のゲリラ、ネグロス島・セブ島・ボホールのゲリラ……
第十一章　南部フィリピンにおける第八軍の作戦
サンボアンガ上陸、ビサヤ最終作戦、ミンダナオ島における最終作戦……
第十二章　南西太平洋軍の最終作戦と米太平洋陸軍の創設
太平洋戦域の再編、陸軍航空隊の再編、南西太平洋地域の分割……
第十三章　「ダウンフォール」作戦―日本侵攻計画
「オリンピック」作戦の全体計画、アメリカ軍の本土進攻作戦―「コロネット」作戦、敵の本州防衛計画……

第十四章　日本の降伏

「ブラックリスト」作戦計画、日本の無条件降伏、「無血進駐」……

米側が担当した第一冊は、第一次フィリピン戦、オーストラリアへの後退、ニューギニアでの反攻、第二次フィリピン戦、日本への進攻と、マッカーサーが辿った戦績を年代順に記述する構成である。G3歴史課の編集方針では、ニミッツが率いる北・中部・南太平洋軍の作戦については無視したが、G2歴史課の計画はそこまで露骨な方針をとらず、珊瑚海海戦・ミッドウェー海戦・フィリピン沖海戦など重要な海戦について取り上げている。南西太平洋方面軍の戦いに大きく関係した珊瑚海海戦を詳しく記述し、ミッドウェー海戦は結果を述べるに止まっているくらいの違いは仕方ないだろう。

主戦場はマッカーサーの南西太平洋戦

本書は、マッカーサーの戦績、南西太平洋方面軍の戦績を忠実に辿ったものである。これによってマッカーサーと彼の軍は、ニューギニアとフィリピンでのみ戦ってきたこと、すなわちこれらの地域がマッカーサーの戦場であり、ニミッツの米太平洋方面軍の戦場とは異なる戦場であったことを改めて明らかにし、太平洋戦争におけるこの戦場こそ主戦場であり、島嶼戦が日本軍を打ち破った戦いであると強調している。しかし随所にマッカーサーの判断や指揮を大袈裟に称讃する記述があり、本書の客観性を著しく傷つけている。

昭和十八年（一九四三）秋までのニューギニア戦では、米軍は豪軍の後塵を拝していたにもかかわらず、豪軍の活躍について触れるところが非常に少ない[91]。一方、ガダルカナル戦は海軍・海兵隊の戦場であったにもかかわらず、これを契機にカートウィール作戦へと発展していったとして、その戦闘経緯および他戦場への影響について、比較的多い紙数を割いて記述している。CI&Eの「太平洋戦争史」と比べ、ニミッツの戦場についてもしっかり調査した跡をうかがわせ、記述を避ける姿勢が弱い。

第二次世界大戦は世界大戦といわれるように、戦場が地球規模に拡大し、各地域で行われる戦闘が直接・間接に絡み合って戦況が進展したところに特徴があった。それだけに政治・外交・経済・情報等を絡めた戦略の構築が大きな意味を有し、連合国側がカイロ会談やテヘラン会議を開催したように、こうした問題に弱い日本も、対抗上、昭和十八年後半に大東亜会議を開催して、関係国間の協力体制を確認している。西太平洋の戦場でも、軍事だけでなく政治や外交の諸分野を糾合して作戦が展開されたが、マッカーサーの南西太平洋方面軍は特異な足跡を残している。

マッカーサー回顧録との視点の相違

米政府のヨーロッパ戦線に対する陸軍兵力投入優先策は、米海軍にとって影響は少なかった。だが西南太平洋方面軍はそのしわ寄せをもろに受けた。マッカーサーが八十歳を超えてから執筆した"REMINISCENCES"(『マッカーサー大戦回顧録』)には、ワシントンに対する不満が随所にほとばしっている。最も典型的なのは、ワシントンが必要な軍事資材を送ってくれないにもかかわらず、対日反攻に成功したのは、自らの手でオーストラリア経済を戦時体制に切り替え、戦争資源を調達したからだといって憚らない傲慢ともいえる言動である[92]。自力で問題を解決し、あたかも独力で反攻体制を整え、日本軍を撃破したと言わんばかりである。まるでガリアを平定し、ルビコン川を越えてローマに乗り込んだローマ帝国のシーザーを彷彿とさせる。

マッカーサーの南西太平洋方面軍は、戦場をニューギニアに絞り、脇目もふらずフィリピンを目指したが、そのためにこの戦場では、政治・外交問題やグローバルな戦略の構築のために各方面との面倒な調整に時間を費やす必要性が比較的少なかった。それでも南西太平洋方面軍の補給廠をつとめ、陸軍部隊の主力を出したオーストラリア政府との緊密な同盟関係の維持、マッカーサーがこだわった彼の帰還を待つフィリピンのゲリラ戦や反日活動に対する支援といった問題を抱え、作戦戦闘だけに全力投球すればよかったわけでない。

マッカーサーの回顧録が、そうした政治・外交問題について多く触れているのに対して、『マッカーサーレポート』が作戦戦闘に大半の紙数を割き、政治・外交問題に触れまいとしているのは、最高司令官と幕僚たちとの任務と視線の相違によるものであろう。大本営幕僚であった服部が、旧部下らと編纂した『大東亜戦争全史』などは、政治・外交問題等がかなりの割合を占めるが、幕僚がどうしてこうした問題に深く関わるのかという疑問が出てくるほどで、参謀総長と幕僚の境界が曖昧な日本陸軍よりも、マッカーサーと幕僚の関係が明確な方がわかりやすい。

目次の構成は、オーストラリアを起点にニューギニアで巻き返し、ついでフィリピンに進攻し、最後に日本本土上陸を準備するといういきわめてシンプルなものである。マッカーサーが最も長期間にわたって取り組んだニューギニア戦には、第三章から第六章までと、第十二章でもニューギニアおよび周辺島嶼における戦闘の最終章を扱い、第四章にも一部分を割いている。また戦闘期間はずっと短かったが、彼の代名詞のようになった第二次フィリピン戦には、第七章から第十一章までの五章を割いている。残りが第一次フィリピン戦すなわちマッカーサーのフィリピンからオーストラリアへの後退、日本本土進攻作戦と日本の無条件降伏を、それぞれ二章でまとめている。

マッカーサーと南西太平洋方面軍の戦績を辿るには十分な内容で、構成にも目立った偏向がない。だが細部についてみると、ニューギニア戦の転機となったマヌス島奪取やラバウル航空戦の活動を取り上げていないのが少し気になる。ニューギニア戦で海軍の活動に触れていないのは、日米海軍共に艦隊の目立った動きがなかったから当然としても、航空消耗戦を現出させたのが米第五空軍であったことは広く認められたところで、それが見当たらないのはなぜだろうか。これに関連して、米軍側の制空権が確立した昭和十八年八月のウェワク・ブーツ大空襲についても触れるところがない。むしろ海軍作戦の方が多く取り上げられており、航空隊の作戦に関する項目がなく、マッカーサーの回顧録の方が構成が行き届いているといえる。

マッカーサーは、島嶼戦を陸海空三戦力の立体戦で乗り切ったとか、三位一体の作戦で日本軍を打倒したとしばしば述べてきた。このアイデアはマッカーサーならではの素晴らしい着想だが、合理主義者らしいアメリカ人のアイデアでもある。三戦力の中でマッカーサーが最も重視したのが航空戦力で、彼の作戦計画は航空隊の能力をいかに発揮させるかという点に、とくに配慮されていた。それだけに航空隊の記述が欠けているのは、陸軍航空隊が空軍として独立したことと関係があるのだろうか。

2　第一巻第二分冊（第一巻補遺「日本におけるマッカーサー・占領・軍事的局面」）について

レポートの内容②―日本占領―

〈目次概要〉

第一章　占領への序曲
真珠湾、フィリピン攻撃、バターンの戦闘、オーストラリアへの脅威……
第二章　軍隊の移動および配置
先鋒、凱旋気分の進駐、占領、第六軍の進出、第八軍の進出完了……
第三章　指揮構造―太平洋陸軍・極東軍・連合国最高司令官
太平洋陸軍（AFPAC）の創設、連合国最高司令官（SCAP）の設置、極東委員会……
第四章　俘虜および抑留者の釈放
俘虜釈放に関するSCAP命令、権利回復班の形成、救済物資の空中投下準備
第五章　日本軍の動員解除と武装解除
動員解除計画、日本側の動員解除計画、日本国内の動員解除……
第六章　海外からの復員の動向
任務・方針・計画、第一段階、第二段階、第三段階、第四段階……

第七章　第八軍の軍政機構
　軍政の概念、形成期、組織の展開、社会課、経済課、法律・政治課……
第八章　占領軍の安全と諜報手段
　責任の割当て、民間検閲の基本計画、民間（占領）諜報の展開……
第九章　空軍部隊および海軍部隊
　極東空軍（FEAF）―初期作戦、極東空軍―組織と任務、在日空軍の維持……

抜け落ちた三つの重要事項

米側の担当した第二分冊は、進行中の対日占領の経過を記述している。現今の経過くらいは報告書として作成できても、歴史として書くのはきわめて難しい。戦争終結後にGHQが処理した諸問題をほぼカバーしているが、重要と思われる三つの問題を取り上げていない。

一つは、西日本を占領した第六軍が三、四ヵ月後には本国に帰還してしまうが、そのあとを中国軍で埋めようとしたものの、国共内戦の煽りを受けて実現せず、結局、東日本の第八軍を引き抜いて西日本に移動させた経緯について、まったく触れるところがない。そのため日本全国を押さえる兵力はますます薄くなり、その責任を負う第八軍司令官のアイケルバーガーを悩ますことになり、彼の日本再軍備必要論の原因になったが、こうした現場に立つ視線が欠落している。

日本政府に諸施策を命じるマッカーサーとは大きく異なり、日本占領の現場の最高責任者たるアイケルバーガーの視線は、日本国内の治安がいつ崩れるかわからない薄氷を踏むがごとき危機的状況に注がれていた。これまでのマッカーサーおよびGHQと日本政府の交渉ばかりに重点を置きすぎている戦後史を是正するためにも、第六軍の帰還と第八軍の全国的展開について取り上げる必要があろう。

二つ目は戦犯裁判である。BC級裁判で最大規模の横浜裁判とA級戦犯を扱った極東国際軍事裁判の記述がない。横浜裁判は第八軍、極東裁判はGHQの所管で、占領遂行上、きわめて重い意義をもっていた。ウィロビーの顧問的存在であった有末精三のグループは、戦犯名簿の作成、裁判資料の整理等で重要な役割を果たしたといわれるが、ウィロビー自身は戦犯裁判にあまり積極的ではなかったらしい。このようなウィロビーの戦犯裁判に対する姿勢を反映しているという見方もできる。

三つ目はCI&Eのプログラムである。米陸軍の規則に反してまで『マッカーサーレポート』を編纂した狙いをもっとはっきりさせるためにも、CI&Eの「太平洋戦争史」「真相箱」のニミッツと米海軍への偏重について取り上げる必要があったのではないか。こうした方針がウィロビーの個人的感情に基づくものでなく、マッカーサーおよびGHQの空気を反映して決定されたものであることが証明できれば、『マッカーサーレポート』もまた違った価値をもつようになったと考えられるが、残念ながらその辺の事情をうかがわせる糸口は見つかっていない。

3　第二巻第一分冊について

第二巻は「南西太平洋地域における日本の作戦」を題目として、服部ら日本側グループが編纂したもので、ある程度まで日本側の意思で構成された。一部と二部とに分かれ、第三分冊に第一部（第一章〜

第十二章)、第四分冊に第二部(第十三章~第二十一章・付録)を収めている。第一部(第三分冊)は開戦準備から第一次フィリピン戦、東部・西部ニューギニア戦、第二次フィリピン戦準備までを扱い、第二部(第四冊)はレイテ戦から日本の敗北までを扱っている。

レポートの内容③—日本作成の太平洋戦争史—

〈目次概要〉

第一章　戦前日本の軍事的準備—一九四一年
　真珠湾計画—一九四一年一月~一一月、……
第二章　戦前日本のスパイ活動と諜報活動—一九四〇~一年
　フィリピン諸島、ニューギニア島、東インド
第三章　戦争に向かっての政治的軍事的進展
　危機への傾斜、戦争の事前討議
第四章　基本的戦略と軍事組織
　長期戦の戦略、海上輸送、占領予定地域、……
第五章　初期の攻撃
　進攻作戦計画、作戦命令、真珠湾作戦、南洋および南方作戦
第六章　フィリピン諸島の征服
　マニラへの進攻、マニラからバターンへ、バターン第一段階・第二段階、コレヒドールの陥落

第七章　オーストラリアへの威嚇―パプア島攻撃
　ビスマーク諸島への進攻、ニューギニア島への前進、ポートモレスビーへの海からの前進失敗、ブナ上陸、ココダへの前進、ガダルカナル島の戦闘、ミルン湾攻撃、オーエン・スタンリー山脈からの撤退、……
第八章　パプア島防衛
　ブナ陥落、サナナンダ～ギルワ、ワウ攻撃、ガダルカナル島撤退、第十八軍の増強、ビスマーク海戦、パプア島への重点移動、……
第九章　西部ニューギニアへの撤退作戦
　ラエ攻撃、ソロモン群島中部の戦闘、ラエおよびラム渓谷からの撤退、フィンシュハーヘン、サイドル、ラバウルの孤立、ブーゲンビル島反攻、……
第十章　西部ニューギニア作戦
　ホランディア・アイタペ方面、ワークデ島・サルミ方面、ビアク島第一段階、ヌンフォール島、ニューギニア島戦闘の終焉、……
第十一章　フィリピン防衛計画
　捷号作戦陸軍部命令、捷号作戦海軍部命令、……
第十二章　決戦への序曲
　パラオ諸島進攻、モロタイ島防衛、台湾での空中戦、……

ニューギニア戦について書かれなかったこと

本冊は、米側の南西太平洋方面内の戦闘記録という方針を忠実に守り、死闘を演じた東部ニューギニア戦を中心に構成されている。一方、大本営が絶対国防圏の線を引いて重点を移した西部ニューギニアの戦闘について、わずかな記述しかない。東部ニューギニアを切り捨てた大本営陸軍部の判断ミスを、服部らが包み隠そうとしたという意図を疑うのは考えすぎであろうか。

南西太平洋方面軍の最前線近くで作戦計画の立案に従事してきた参謀たちがGHQ内にいる米側の方が、東京の大本営から垣間見てきたにすぎない日本側参謀たちが編者となって書いた内容に比べ、戦況のポイントをしっかり押さえている。日本側にとって、実際のニューギニア戦の天王山はフィンシュハーヘンの攻防戦であったが、編纂された記述を見ると、これを数ある戦闘の一つとしてしか扱っていない。やはり戦況がよくわかっていないのである。

マッカーサーが一年半以上もビスマルク海に進出できなかった要因は、海軍ラバウル航空隊の存在であった。ニューギニア戦の出発点となった昭和十七年（一九四二）七月の日本軍のポートモレスビー攻略作戦開始の前後から、ラバウル周辺の制空権をめぐる航空戦が激しくなった。それから十九年（一九四四）一月まで間断なく続けられ、その間にもラバウル航空隊はニューギニア方面およびソロモン方面に出撃を繰り返し、連合軍南西太平洋方面軍の西進の障碍でありつづけた。これに関する記述がないのは、大きな欠落と言わざるをえない。十九年二月末、同軍がビスマルク海の要衝マヌス島に進出できたのは、この直前に、大本営海軍部と連合艦隊司令部がラバウル航空隊をトラック島に移転させる愚策を行ったことが呼び水になっているが、こうした事情にもまったく注意していない。

第九章にラバウルに関する一項があるが、一大補給基地としての役割についてのみ論じ、航空隊の活躍についてはまったく触れていない。陸軍側の狭い視点に立つ見方である。海軍ラバウル航空隊なくして日本側の島嶼戦は成立しなかったが、これを無視するのは島嶼戦の前提を自ら否定するもので、日本でいう南東方面の戦闘がどうして成り立ったのか、考えようともしない姿勢である。まだ戦争の構造がよく理解できていなかったのであろう。

4　第二巻第二分冊について

レポートの内容④──日本からみた降伏にいたる過程──

〈目次概要〉

第十三章　レイテ島への苦闘
　捷一号作戦への開始、レイテ海海戦──第一段階～最終段階、リモンの戦闘
第十四章　ルソン島防衛への序曲
　敵のミンドロ島への前進、ルソン島防衛最終計画、……
第十五章　ルソン島での戦闘
　サンホセ防衛、マニラ防衛、バギオ防衛、……
第十六章　フィリピン諸島中部および南部
　敵のパラワン占領、ビサヤ南部、ミンダナオ中部での戦闘、……

第十七章　特攻—「特別攻撃」
　特攻の展開、特攻航空隊、……
第十八章　本土防衛—基本計画および作戦準備
　新本土防衛計画、本土防衛外郭陣地への攻撃、……
第十九章　本土防衛—戦略的後退および最終的準備
　空襲および産業の危機、九州防衛の準備、関東防衛の準備、……
第二十章　降伏の決定
　鈴木内閣の成立、ポツダム宣言、原子爆弾、ソ連の参戦、……
第二十一章　平和への回帰
　天皇による降伏への表明、マニラへの使節、占領軍の進駐、……
付録　日本の天皇と戦争
　降伏時の天皇の役割、天皇の平和維持への努力、太平洋戦争、……

日本の編纂体制がもたらしたいびつな構成

フィリピン戦に対する日本軍の基本方針はルソン島を決戦場とすることで、大本営陸軍部は第十四方面軍司令官に任命した山下奉文にも、その旨を確認している。ところが大本営陸軍部は、台湾沖航空戦の海軍報告を鵜呑みにして、山下らの反対を抑え、直前に主決戦場をルソンからレイテに変更し、これが早期に日本軍の反攻が崩壊する原因になった。日本国内ではルソン戦を太平洋戦争の天王山と煽ったが、正規戦ができたのはレイテ戦のせいぜい三ヵ月半にすぎなかった。

米軍側からすれば、フィリピンにおける米第六軍および米第八軍の戦闘を記述していけば、日本軍の降伏まで続く作戦戦闘史を書くことができるが、日本軍側にすればレイテ戦でフィリピン戦は事実上終了し、ルソン島での戦いは、当初から大本営の作戦指導から切り捨てられた持久戦になった。ルソン戦については第二章にまとめているが、日本側の考えでは、持久戦は作戦計画に基づく戦闘に入らないから、省略したかったはずだ。だがそうすると、米軍の活躍を描けなくなるため、フィリピン戦の華ともいえるマニラ戦を浮き立たせるためにも、ルソン戦を取り上げざるをえなかった。これに加え、主戦場をルソンからレイテに急遽変更した大本営の中心人物の一人である服部卓四郎が日本側グループの中心に居座っていては、ルソン戦もレイテ戦と同じように日米軍の激突のように描かねばならなくなる。服部のような立場にいた者が、編纂事業に加わることが間違いなのである。

日本本土をめぐる戦いは、日本軍と本土空爆を行った米爆撃集団および米海軍機動部隊との間で展開され、これを描くと南西太平洋方面軍と日本軍がかみ合わなくなる。しかし本書では、あえて第十七章から第十九章まで南東太平洋方面軍と関係しないテーマを取り上げている。日本側の見識というべきか、米軍側の寛大な方針というべきか、いずれにしても要を得た目次立てである。

本冊の特徴は、敗戦にいたる経緯を詳細に扱っていることで、日本側執筆者の多くが大本営にいたことと無関係ではあるまい。敗戦を早める上で貢献したのは、南西太平洋方面軍のフィリピン戦よりも、ニミッツ隷下の中部・北太平洋軍の硫黄島・沖縄への進攻作戦だが、これを認めて章を立てたことは、CI&Eやワシントンの「太平洋戦争史」「真相箱」よりも、よほど調査研究がしっかりしていたことを物語っている。

日本側の担当で見逃すことのできないのは、わざわざ付録をつけて、天皇の動きと役割を取り上げていることである。マッカーサーやGHQは、連合国の中に天皇の戦争責任を厳しく追及する国々があった中で、天皇の戦争責任の追及および天皇制の否定に消極的で、むしろ天皇および天皇制の存続につとめた。日本側編纂者も、GHQのこの方向付けに沿って、天皇が戦争終結に払った努力を強調し、平和維持につとめてきた役割について取り上げている。また天皇と政府および軍部との関係、法律上の天皇の地位と実際の権能についても触れ、間接的に天皇制が日本社会の安定にとっていかに重要な役割を果たしてきたかを強調している。

5　『マッカーサーレポート』編纂の歴史的意義

同じ戦闘を日米双方からアプローチする画期的企画

以上のように四冊の内容について概観してきたが、改めて問題点を整理してみたい。米軍側の作戦戦闘史が一冊だけなのに対して、敗者である日本側が二冊も使っているのは驚きである。当初、米軍側も作戦戦闘史を二冊構成にしようと計画していたことは、前述したとおりで、何らかの理由で一冊とし、それに占領史を一冊加えることで落ち着いたらしい。

本書の出発点は、ニミッツの太平洋方面軍中心の「太平洋戦争史」に対する南西太平洋方面軍の反発にあった。そのため、米軍側も日本側も、ことさら米海軍の動きに触れないように構成している。本来、戦争史の編纂はワシントンにある中央機関がやるべきものだが、ワシントンの空気が海軍主体の戦史にどっぷり漬かっていると懸念されたため、東京の司令部が編纂事業を起こす異常事態となった。

そのため、『マッカーサーレポート』では、「太平洋戦争史」で大きく取り上げているミッドウェー海戦について、必要最小限の記述に止めている。それでも米側は一応触れているが、日本側の戦史では米海軍の活動ばかりでなく、日本海軍の作戦についても徹底して触れない姿勢をとり、海軍排除にも日米間に温度差があった。おそらく日本側は編纂開始時の方針を忠実に守り通したが、米側の方が途中で何度か方針変更をしたのではないかと思われる。

南西太平洋方面軍に相当する日本軍といえば南方軍になろうが、直接ぶつかり合っていないので、それぞれの地域で迎え撃った第八方面軍、第二方面軍、第十四方面軍等を登場させなければならなくなった。それだけに多くの紙幅を要するのは、やむをえないことかもしれない。米軍内で理解が得られるか否かはともかくとして、日本側の軍組織が多いだけでなく、戦争指導、作戦方針等が複雑であったために頁数が増えるのは避けられなかった。また米軍側が故意にワシントンの動きを無視したのに対して、日本側の作戦が大本営の直轄であったため、大本営の動きも取り上げなければならなかったから、頁数が膨らむ理由がいくつもあった。それはともかく、同じ時間軸と課題で対照的に書き進めるには大きな困難を伴うものだが、両国が同じ戦闘にアプローチしあう画期的企画には、高い評価を与えてもいいのではなかろうか。

とはいえ理解に苦しむのは、米軍側がニミッツの太平洋艦隊の作戦について一定の評価を与え、必要最低限の記述を欠かしていないのに対して、日本側編纂の中では、日米海軍の作戦を完全に除外していることである。米側の編纂責任者であるプランゲが海軍所属であり、日本側が服部卓四郎ら旧陸軍将校で固めた事実が関係していたという推論もできるが、敗者の日本側にとって米軍側の指示は絶対的であり、当初の方針を忠実に守ってきた結果という、きわめて単純な理由なのかもしれない。

G3およびG2の当初の編集態度、南西太平洋方面軍系の「太平洋戦争史」や「真相箱」に対する激しい反発から考えて、ニミッツと米太平洋艦隊、海兵隊の活動を取り上げない、ひいては日本海軍の活動も取り上げない方針になったことは容易に想像がつく。こうした勝者の方針は、敗者にとって絶対的なもので反対意見を述べるのは困難であったのではないか。

日本側は、終始この方針を守ってきた。ところが勝者の米軍側は、プランゲやワイルズをはじめとする歴史学者に主導権を与えたこともあり、編纂過程において米海軍の活動を取り上げない無理な方針に少しずつ修正を加え、幾分なりとも実際に近づけた戦史が構築されていったとみられる。そのため出来上がった両者を突き合わせてみると、大きな格差を生じていたということではなかろうか。

マッカーサーの戦いに光を当てる意義

米海軍の活動に触れるか触れないかはともかく、『マッカーサーレポート』はマッカーサーが率いた南西太平洋方面軍と、これを迎えた日本軍との戦いの歴史であり、またマッカーサーと南西太平洋方面軍系スタッフたちの日本占領の歴史でもある。CI&Eの「太平洋戦争史」および「真相箱」に欠落した部分を補ったうえに、南西太平洋方面が太平洋戦争の中で最も長期間戦闘を続けた戦場であり、南西太平洋方面軍が日本軍を弱体化、衰弱化させる主戦力になった歴史を詳細に記述したものである。

この戦場では、開戦前にほとんど予想されなかった島嶼戦が大規模に展開され、ワシントンもこの未知なる戦闘への適切な指導ができなかった。マッカーサーおよび彼のスタッフが評価されるのは、島嶼戦への対策を半ば独力で創出した点にある。島嶼戦は、昭和十七年半ばから日本の敗戦まで三年間も続き、この中で試行錯誤を重ねながら、新様式の作戦を模索し創出したが、この点にマッカーサーや部下たちの優れた分析力、ひらめき、創造力を認めないわけにはいかない。

ワシントンにとって、マッカーサーあるいは南西太平洋方面軍が少々扱いづらく、彼らの戦いをよく理解できなかったのは、島嶼戦の経験が皆無で、それまでの知見が役立たないことに一因があったと思われる。CI&Eの「太平洋戦争史」や「真相箱」が島嶼戦に触れず、南西太平洋方面軍の戦いを取り上げなかったのには、この辺にも一因があったのかもしれない。

ニミッツの空母機動部隊による進攻作戦も新しい概念にはちがいないが、比較的わかりやすかったうえに、アメリカを挙げて空母の大量建造に邁進し、航空機や電子兵器の開発と生産に取り組んだ結果、その過程でこれから始まる新しい作戦戦闘の様子をイメージ化することができた。何よりもアメリカの国力が目の前にストレートに現出することがワシントンを喜ばせ、国民の関心を引きつけたことに大きな意義があった。これに対して、作戦が広い面で継続的に行われながら徐々に優劣が明らかになる南西太平洋方面では、いくら飛行機や艦艇を送り出しても、その活動と結果が見えにくく、ワシントンにどうしても理解されにくかった。

遅すぎたレポートの出版

マッカーサーの島嶼戦が、日本軍を打倒する上で果たした功績が限りなく大きいことは疑問の余地がない。ことに日本の陸海軍航空隊を消耗させ、大陸政策を主導してきた日本陸軍の戦力を決定的に弱体化させる上で南西太平洋方面軍が果たした役割は、太平洋から中国・東南アジアの戦場で日本軍と戦ったどの軍よりも大きかった。

その戦績を辿った『マッカーサーレポート』は、これまでの戦史の中ですっぽり抜け落ちていた南西太平洋方面の戦いを補塡する内容を有している。米海軍・海兵隊の戦いに偏重しすぎた姿勢に真っ向から反対する内容であったという言い方もできよう。それもワシントンやＣＩ＆Ｅの太平洋戦争史よりも、資料的裏付けの面からみると、はるかに水準の高いものであった。

しかし刊行が昭和四十一年（一九六六）にまで大幅に遅れたため、既存の太平洋戦争史に対してほとんど影響を与えなかった。主戦場であったニューギニア戦に対する関心は相変わらず低いままだし、ＣＩ＆Ｅの「太平洋戦争史」の骨組みに対し、その修正を求める動きもまったく起こっていない。相も変わらず、ニミッツの米太平洋艦隊と海兵隊の作戦を中心とする戦争史が氾濫しつづけている。また「東京裁判史観」を批判する日本人の声が大きくなってきていても、「太平洋戦争史」まで変えようという声は少しも聞こえない。ワシントンで作られた太平洋戦争史に何も疑問を抱いていないということであろう。

6 『マッカーサーレポート』の副産物――『トラトラトラ』『大東亜戦争全史』

プランゲと服部卓四郎―それぞれの思惑―

ウィロビーが起こしたG2歴史課による編纂事業は、荒木光子の趣味に基づくビジュアル重視、極端な秘密主義など、厳正公平な管理体制のもとで進められる公共事業とどこか違う。不可解なことに、荒木光太郎・光子夫妻や有末精三、河辺虎四郎といったウィロビーと個人的に親しい人物が事業内容について、隠然たる影響力を持っていたことも、そうした印象を強くしている。経費の支出に光子が干渉したという事実なども、増幅作用を果たしている。オーナーのわがままが通る私的事業とでもいおうか。

そうした空気は、中にいる者にすぐ理解されたのだろう。この事業を利用しながら別の仕事に精力を傾注する動きが随所に垣間見られた。その最たる者が、編纂の責任者であったプランゲと服部卓四郎であろう。プランゲは、収集した資料の持ち帰りだけなく、日本人スタッフの助力を受けて真珠湾攻撃の参加者への聞き取りを精力的に行ったが、真珠湾とは遠く離れた南西太平洋方面の戦いを描く編纂事業とは関係がなかった。一方、服部も、歴史課に収集された資料を利用して、『マッカーサーレポート』と方針や構成が大きく異なる戦争史の編纂を進めた。

『トラトラトラ』で得たプランゲの名声

大戦中、海軍将校としてすごしたプランゲが、関心の矛先を日本海軍に向けても驚くに当たらない。

G2歴史課の『マッカーサーレポート』の編纂事業は、主に陸上部隊と航空部隊の作戦戦闘史の編纂であったから、彼とすればおのずと興味が湧く仕事ではなかった。事業が本格化し、多数の日本人スタッフが日本郵船ビルに出入りするようになるにつれ、日本人スタッフと知己になる機会が増えていった。まもなく元海軍大佐大前敏一、同中佐千早正隆、同中佐大井篤らと親交をもつようになり、彼らは英語ができることもあって、日米海軍の戦闘について意見を戦わすようになった。

プランゲは、以前から真珠湾作戦執筆の構想を温めていたらしく、彼らを通せば日本側の真珠湾作戦の参加者や関係者に聞き取りができると考えたにちがいない。プランゲは、この点について比較的率直に書き残している。最も助けられた人として千早正隆を挙げ、

……東京の総司令部の情報部戦史課で初めて知合って以来、あらゆる面でもっとも有効に私を補佐してくれた。彼は私に多くの海軍士官を引合わせ、私に代わって手紙を書き、インタビューでは通訳となり、ほとんど二十年間にわたって日本における私の代理として忠実にきわめて能率的に勤めてくれた。……彼の協力がなかったならば、私は本書を完成させることはできなかったであろう。(93)

図19　プランゲ

と、日本語のできないプランゲの手足となり、通訳、インタビュー打合せ等まで担ってくれたことに謝意を表している。大前に対しては、「特殊な面では元海軍大佐大前敏一の協力に負うところが大きい。同じく戦史課のメンバーであった彼は、この研究のいろいろな面で長い間にわたって

心から私に協力してくれた」と述べ、また大井については、「同じく戦史課に勤めた元海軍大佐大井篤も同様であった。語学力にすぐれ、健全な判断と鋭い分析能力に富む彼もまた、心から献身的に私に協力してくれた」と尽きない謝意を述べている。さらに日本側編纂のリーダーであった服部卓四郎への感謝も忘れず、「日本陸軍およびその真珠湾作戦について多大の教えを服部卓四郎元陸軍大佐にも負うところが少なくない」と細やかな配慮をしている。

千早、大前、大井らを通じて、真珠湾奇襲作戦計画を実現するうえで中心的役割を果たした源田実や淵田美津雄とも親しくなり、六、七十回に及ぶ聞き取りを繰り返し、さらに一〇〇名以上にのぼる関係者にも、数千回に及ぶ聞き取りを行ったといわれ、これらにより作戦の全容をつかむことができた。プランゲが日本人研究者さえ真似のできない広範囲な聞き取りができたのも、GHQの権威を背景にしていたとはいえ、歴史課の事業に従事する千早らの全面的協力があったからである。

こうした努力が成果として結実したのが『トラトラトラ』である。G2歴史課在職中に行った聞き取りを基に、本書にまとめられるまでに二〇年近くをかけた。というよりも、さすがに一流の歴史学者であったプランゲは、『マッカーサーレポート』とのかけもちで『トラトラトラ』を執筆したという批判を避けようとして、十分な時間をとって出版したと考えられる。このあと、彼は数点の真珠湾作戦物を刊行し、ついでミッドウェー作戦に関する作品を出し、太平洋海戦史研究者としての名声を確立したが、南西太平洋方面の戦いを描いたものは一点もない。

服部卓四郎の編んだ『大東亜戦争全史』

一方、服部卓四郎の方には倫理的に納得できかねる点が多い。『マッカーサーレポート』の編纂の終了からほどなくして、服部を中心とする旧陸軍関係者が執筆を続けてきた『大東亜戦争全史』（以後、「全史」と略称）を脱稿した。四冊本で、二段組、総計一七〇〇頁にもなる本書を書き上げるには、数年間の調査研究、執筆と校正にも数年ぐらいはかかってもおかしくない。本書の四冊は、鱒書房の手で昭和二十八年（一九五三）三月から八月にかけて順次刊行された。

服部は、昭和二十七年（一九五二）まで『マッカーサーレポート』の編纂と残務処理を行っていたので、二股をかけてやっていたことになる。実際の作業は、稲葉正夫《いなばまさお》の采配のもとで、陸軍出身の原四郎、橋本正勝、堀場一雄、田中兼五郎《たなかけんごろう》、藤原岩市、水町勝城らが執筆したといわれる(94)。この中には、原四郎や堀場一雄のように『マッカーサーレポート』の編纂に係わった者がいるように、両編纂事業は無関係どころか、緊密な関係のもとで作業が行われた。

編纂がなぜできたのか―文書と資金―

編纂に必要なのは、まず資料だが、その前に生活資金が必要であり、作業をする場所もなくてはならない。陸軍の解体後、生活の目途をどう立てたのか、編纂どころではなかったはずだ。静岡新聞社が資金の一部を負担していたとか、東京郊外、立川の農家の納屋に資料を秘匿していたとか、断片的な回想を得ることができたが(95)、それらが全体の一部にすぎないことは明らかである。敗戦後いっそう深刻になった食糧事情の中で、腹を空かした家族を抱える執筆者が、大部の「全史」をなぜ書き上げることができたのか。交通機関が混乱し、米軍に旧軍の資料類を差し押さえられていた中で、一般的、基本的資料の参照をどうしたのか、「全史」の編纂と刊行の経緯については謎が多すぎる。

考えられるのは、『マッカーサーレポート』の編纂に従事する中で、G2歴史課が集めた資料を利用し、GHQから支給される資金で賄った可能性である。ワイルズが『東京旋風』の中で、荒木班と、それに協力している参謀本部員の主な仕事が、戦史の編纂にないという疑いは、彼らに与えられていた特別待遇によってますます強められた。占領軍がアメリカの輸送力をつかって日本に持ちこんできた食糧・衣類・その他の日常品を、日本人に譲渡することは厳重に禁止されていた当時、旧敵軍の指導者たちは、異常に高い俸給のうえに、食料品・宿舎・酒・煙草・その他の贅沢品を支給されていた。……ウィロビーは日本郵船会社で仕事をしている軍人たちが、伝統的な日本軍隊の格式を維持して厳格な軍組織をそのまま持ちつづけていることに眼をつむっていた[96]と述べているように、アメリカ人から見ても高額な報酬が支給されていた。当時の竹の子生活でその日一日を生きながらえている最低の生活水準からすれば、家族を養うのはむろんのこと、編纂事業の諸費用を賄うことができる収入であったと考えられる。

GHQは第一生命ビル、明治生命ビル、日本郵船ビルの三つを使用していたが、歴史課が使用した日本郵船ビルの一室には、ウィロビーがプランゲのために集めた日本軍側の膨大な資料が集められていた。これを服部らは『マッカーサーレポート』の編纂にかこつけて自由に使うことを許されていた。しかしワイルズは、服部らが何のために閲覧しているか事情を知っており、それは彼に限らず、歴史課の公然の秘密になっていたらしい。ワイルズは次のように回想する。

服部とその職業的同僚たちは、しかし、なぜ日本が敗れたかの原因を確める仕事に、実に熱心に働き、平和条約調印一年後には、大東亜戦争全史を完成した。それには戦争の原因・準備・発展を記述するとともに、ウィロビー・マッカーサーが作りあげた草稿にはないような材料が駆使されていた。(97)

いかにもアメリカ人らしい鷹揚さで、見て見ぬふりをしていたことがわかる。敗戦国の元軍人が、GHQの内部で、いわば堂々と副業をしていたわけで、いくら厚かましいとはいえ、よほどの事情がなければできることではなく、これに絡んでくるのが日本の再軍備問題であったらしい。

日本再軍備を企図する同志的結合

原四郎の証言(98)によれば、服部はかなり早い時期に「本格的正統戦史の編さんを企図」したが、それはG2歴史課で作業を始めたころであったらしい。G2歴史課で作業を始めて一年余後の昭和二十三年（一九四八）夏ごろ、ウィロビーと服部との間で、極秘裡に再軍備の準備をする合意が成立した。民生部のホイットニーやケーディスとの対立が激しかったころである。

これを受けて服部は、秘密を守り、自分の指示に従い、高い能力をもち信頼できる人物を選び、同志的結合のもとに基幹組織の結成を図った。これがいわゆる「服部機関」である。本拠を大胆にもG2歴史課の史料整理室とし、ほかに青山麴町にアジトを確保し、再軍備の研究はアジトの方で行うこととした。そこで問題になるのが、メンバーがG2に入る口実であった。

服部が選んだ再軍備準備の同志と、『マッカーサーレポート』および「全史」の編纂メンバーを比較してみると、ほぼ一致することがわかる。

〈当初再軍備計画関係者〉
服部卓四郎、原四郎、堀場一雄、橋本正勝、井本熊男、山口二三、西浦進、水町勝城、田中兼五郎
〈G2歴史課関係者〉
服部卓四郎、原四郎、堀場一雄、橋本正勝ほか
〈「全史」関係者〉
服部卓四郎、原四郎、堀場一雄、橋本正勝、井本熊男、山口二三

どちらが表でどちらが裏とするか微妙な問題だが、これらのメンバーは編纂と再軍備の二つの任務をもってG2への出入りをしていたと考えられる。日本郵船ビルに旧日本軍人が多数出入りしている事実は、前述のように極東委員会のソビエト代表テレビヤンコからも再三指摘されている。テレビヤンコは、彼らが日本の再軍備のために奔走していると疑ったが、半分は当たっていたことになる。旧日本軍人が高額な俸給を支給されて行動するのは、再軍備準備ぐらいしかないと周囲も推測していたといわれるが、この報酬で「全史」の編纂および刊行の費用も十分に捻出できたのはまちがいない。

歴史課の『マッカーサーレポート』の編纂に当たるだけで十分なはずと考えられるが、なぜ「全史」まで手がけることになったのか。原四郎の証言はこの点についてはっきり述べていないが、再軍備の同志的結合を維持し強化するために、「全史」の編纂にメンバー全員で取り組むことにした、というニュアンスが滲み出る回想をしている。つまり「全史」編纂は割り符みたいなもので、仲間しか知らない同志の証であった。『マッカーサーレポート』編纂に従事するだけの者と、再軍備準備のメンバーとを区別するために、再軍備のメンバーには「全史」編纂もやらせ、メンバー団結の絆としたと解されるので

ある。「全史」編纂計画が再軍備準備と表裏一体の関係にあったとすれば、ウィロビーだけは知っていた可能性が大きい。そうであれば、メンバーがG2歴史課に出入りして、「全史」の作業を堂々とやっていた事情も納得できる。

『マッカーサーレポート』の編纂に従事しながら「全史」編纂ができた一因は、資料収集に手間取ることがなかったからであろう。G2歴史課に集められた資料を利用できただけでなく、復員省（局）から送られてくる資料も利用できた。第一復員局史実部が設置されたのは昭和二十年（一九四五）十月、翌年にはG2歴史課も資料収集を開始し、それから二年以上遅れて「服部機関」が組織されているから、「全史」は前二者が集めた資料および調査結果をことごとく利用できる位置にあったことになる。

秘匿されていた最重要文書

このように、「服部機関」の関係者、つまり「全史」の執筆者は、G2歴史課と史実調査部の成果を、熟柿が落ちるのを待ち受けるようにしていればよかったのである。そればかりでなく、終戦時の混乱に乗じて参謀本部にあった重要文書を隠しもっていたのである。服部の人間性を疑っていたワイルズは、以下のような出来事を紹介している。

服部はたいへんな誤魔化しや、極秘の戦争日誌類とか、参謀本部の諸会合・御前会議の議事録のような一部の記録は取り除けておいて使わず、おそらくはウィロビーの耳にも入れないようにしていた。そういう記録は一般には破棄されてしまったものと想像されていた。ところが服部は、一九四九年になると、それまで手に入らなかった陸軍の諸命令・指令のほとんど完全な綴込みを持ち出し

てきた。(99)

ほとんど『マッカーサーレポート』の執筆が終わったころに、こんな資料が見つかりましたといって出してきたというのだが、ワイルズはこの説明をまったく信じていなかった。服部を全然信用していなかったのである。服部が出してきたというのは、大本営政府連絡会議に関するもので、東京裁判の法廷では、敗戦の中で焼却されたと証言され、連合国も世間もないものと思い込んでいた以下の重要資料のことである。(100)

「機密戦争日誌」（秘匿名昭和日記甲）
「大本営政府連絡会議審議録」（いわゆる杉山メモ）（右同乙）
「大本営政府連絡会議決定綴」（右同丙）
「御前会議議事録」（右同特）
「大陸命」（いわゆる大本営命令）
「大陸指」（参謀総長の指示）
「上奏書類」（作戦計画および大命発動等に関する上奏）
「機密作戦日誌」（往復軍機電報が主）

昭和十九年七月の東條英機の失脚に伴い、強力な後ろ盾を失った服部は、十五年（一九四〇）以来、一貫して陸軍中枢部で活動してきた地位も揺らぎ、二十年二月、ついに中央を追われ、歩兵第六十五連隊長として中国南部の戦線に送られた。日の当たる場所を歩きつづけた服部が受けた唯一の左遷であった。

したがって敗戦時の中央の混乱を彼は見ていない。参謀本部を去る前に彼が部下に言い含めたものか、あるいは服部の薫陶を受けた部下が独自の判断で行ったものか、その辺の事情は不明だが、市ヶ谷の執務室か参謀本部文庫にあった戦時書類や議事録類を、終戦時に密かに持ち出し、東京郊外、立川の農家の納屋の二階に秘匿したといわれる(101)。

その後、前述のような特例で彼一人が中国から帰京したが、それからG2歴史課および史実調査部の作業を始めてまもなく、元部下から資料の所在を明らかにされたらしい。米軍の資料接収が厳しかったのは、WDC（Washington Document Center）が日本で資料探しをやっていた昭和二十年十一月から二十一年（一九四六）三月末、ウィロビーがプランゲの要請を受けて資料収集を行った二十一年春から翌年春ごろの期間であった。それが過ぎると米軍側の資料収集熱は急速に冷えていったが、そうとは知らない日本人は、見つかれば処罰されると思い込んだらしい。

WDCが接収した資料の梱包は、東京帝大図書館や赤羽の旧造兵廠内で進められ、それが終わった二十一年末ごろからG2の接収が行われた(102)。ウィロビーの命令でGHQ・G2が収集した資料は、日本郵船ビル内のG2歴史課の資料室にもちこまれ、直ちに編纂作業に利用されたが、二十二年（一九四七）末になると接収・収集への懸念は急速に薄らいでいったとみられる。服部らは、時期は不確かだが、おそらく二十三年春ごろ、立川の農家に隠した資料を、利便性を考えて東京世田谷の農家に移した(103)。西浦進の「占領軍の史料収集、押収に対しては、厳罰覚悟で、重要史料を秘匿してきた。バレたら沖縄に追放されて重労働をやらされるぞ、と毎日自分に言い聞かせていた(104)」という回想も、この資料の秘匿に苦心をしていた状況をうかがわせる。

この貴重な資料は、当然「全史」の執筆に使われたが、『マッカーサーレポート』の関係者にはこの事実を伝えなかった。ギブ・アンド・テイクの紳士協定に反していたのである。『マッカーサーレポート』がほとんど脱稿され、書き直しが不可能と思われる二十四年（一九四九）末か二十五年になって、服部がこの資料をおもむろに出してきたことに対するワイルズをはじめとする米軍側の怒り心頭ぶりが想像される。米軍側にすれば、歴史課が収集した資料を自由に閲覧しながら、自分たちが集めた資料は隠して見せなかったアンフェアな行為に、あえて「たいへんな誤魔化しや」と罵って憚らなかったのである。

「全史」は、執筆者が第一復員省史実部・史実調査部の戦史記録およびG2の『マッカーサーレポート』の編纂にも従事していたから、資料の収集・整理の手間を省き、かつそれぞれの調査結果を頂戴しながら執筆できた。いわばただ乗りである。ワイルズが、服部が昭和二十八年に「全史」を刊行したことに驚かなかったのは、こうした事情がわかっていたからであろう。

執筆分担とユニークな特徴

このようにみてくると、「全史」は復員省史実調査部の成果はむろんのこと、G2歴史課の成果も利用し、さらに服部らが秘匿してきた重要史料を使って執筆されたことになり、こうした点をみれば『マッカーサーレポート』より裏付けがしっかりしていることになる。「全史」の分担者については、近藤新治氏が紹介しているので(105)、参照しておく。

執筆担当者はすべて陸軍軍人である。軍人だけで編纂する伝統を忠実に守り、陸軍と海軍の戦史も別々に編纂するというこれまでの伝統をも忠実に守りながら、全史という書名だけあって海軍の戦いも扱っている。しかし陸軍軍人だけで海軍の戦史も執筆できたのであろうか。海軍関係者にチェックしてもらったといわれるが、どこまで協力してもらったか疑わしい。陸軍軍人が、海軍の動きや作戦まで書いた例はなく、それだけでも本書はユニークな戦争史といっていいだろう。服部をはじめとする執筆者は、大本営や方面軍、軍の参謀のポストにいた経歴を有し、作戦計画の立案や実施に当たってきたので、彼らほど陸軍作戦について詳しい者はいない。だがこのキャリアは、当事者が書いた戦争史という意味になり、本書の歴史書としての価値を大きく損なっている。

繰り返してきたように、服部の職責からすれば、彼は歴史的評価を受ける側に位置しており、客観性が求められる戦争史の編纂者にはふさわしくない。日本には、事情に詳しい当事者ゆえに歴史が書けるというおかしな通念があり、士官学校・陸大出身者だけで行う戦争史編纂はその最たるものである。当事者に求められるのは、必要な記録を残すことであって、歴史を書くことではない。戦争中、海軍で服部に相当するポストにあった富岡定俊は、歴史資料を残すことに専念し、自ら歴史の編纂に当たることは避けてきた。立派な見識というべきだろう。

表10　『大東亜戦争全史』の執筆分担

篇	見　出　し	執　筆　担　当　者
第一篇	開戦の経緯	原　四郎
第二篇	開戦	原　四郎，水町勝城
第三篇	進攻作戦	服部卓四郎，原　四郎
第四篇	米軍の反攻開始	田中兼五郎，橋本正勝
第五篇	前方要域における作業	藤原岩市，橋本正勝
第六篇	絶対国防圏の作戦	田中兼五郎，橋本正勝，堀場一雄
第七篇	大陸方面の作戦	藤原岩市，西浦　進
第八篇	比島決戦	橋本正勝，秋山紋次郎
第九篇	本土決戦	橋本正勝，藤原岩市，水町勝城
第十篇	終戦の経緯	田中兼五郎
第十一篇	終戦	田中兼五郎，水町勝城

表11　『大東亜戦争全史』に見える中国大陸の戦況

篇	章	項目
第一篇	第四章	支那事変解決の努力
第三篇	第二章	中国方面の作戦
第四篇	第三章	対華政戦略の変貌
第七篇	第二章	雲南及び北ビルマの作戦
	第三章	大陸打通作戦
第九篇	第一章	南北両国防圏域の分断と日満華の孤立化
	第三章	中国及び南方方面作戦の状況

陸軍主体の戦争史

「全史」がユニークな戦争史であるのはまちがいないが、最大の特徴は、戦争を指導した大本営陸軍部および参謀本部の視線で執筆されていることであろう。国際情勢や国内情勢、海軍の動き、各戦線の動向にも気を配りながら編纂しており、いわば陸軍の戦争指導史といっても過言ではない。南西太平洋方面軍という前線部隊の視線で編纂された『マッカーサーレポート』と根本的に違っている点である。ずっと中央にあって戦争指導に当たってきた服部にとって、この『マッカーサーレポート』の視線に我慢できず、「全史」の編纂を企図したという解釈もできよう。

こうした参謀本部の視線を捨てきれなかった服部にとって、『マッカーサーレポート』の南西太平洋方面軍の担当地域からはみ出さないようにする編纂方針は我慢ならなかった。「大東亜戦争史」としないで、わざわざ「全史」をつけたのは、『マッカーサーレポート』の編纂方針に対する当てつけ、あるいはレジスタンスともいえるかもしれない。

「全史」を一瞥して気付くのは、中国大陸の戦況の記述が意外に少ないことである。全一一篇・全八二章の中で、表11のとおり全七章にすぎない。このほかの章でも、断片的に触れているが、後年、防衛庁戦史室が編纂した「戦史叢書」では、全一〇二巻・一〇四冊（年表除く）のうち、一七冊（関東軍関係を含む）が純然たる中国大陸関係で、大本営陸軍部の部門にも相当量の記述があるので、全体の二割近くを占めているのと対照的である。

執筆者が陸軍出身者であれば、どうしても中国大陸の動きにもっと多くの頁を割きそうなものだが、そうでないのは「全史」の編纂が、太平洋の戦いに焦点を絞り、大陸の戦闘を記述の範囲に加えなかったG2歴史課の資料、調査報告に依存していたことが大きく関係しているとみられる。あるいは二股をかけていた執筆者にとって、『マッカーサーレポート』にない大陸方面の原稿を改めて起こすゆとりがなく、知らず知らず『マッカーサーレポート』の構成に引き込まれたとも考えられる。

そうはいうものの、「全史」の内容は太平洋から中国大陸までの戦闘を総花的に捉えており、戦争の構図が見えにくい内容になっている。服部らが南西太平洋方面軍の進攻を描く戦争史の編纂に参加し、米軍の対日進攻ルートには、南西太平洋方面軍の進攻（マッカーサールート）と太平洋方面軍の進攻（ニミッツルート）の二つがあったことに注意を喚起されたはずであるにもかかわらず、「全史」をみると、この二つのルートの存在に関する認識が薄く、あたかも占領軍がニミッツルートに沿って日本本土にやってきたといった書きっぷりで、G2歴史課に指導された成果が生かされていない。

マッカーサールートによる反攻を理解しているか否かの鍵は、マッカーサー軍がニューギニア戦に勝利し、そこからフィリピンにやってきた流れを理解しているか否かである。「全史」の構成と記述を見るかぎりその点が曖昧で、南西太平洋方面という固有の戦場、換言すれば島嶼戦の戦場があったことすら認識していなかったのではないかとさえ感じさせる。全体を構成する骨組みを固め、それから肉付けをしていくという手続きがなく、あったことをできるだけ詳述し、骨組みは読者に任せるといういかにも日本的構成になっている。だからマッカーサーとニミッツの進攻ルートのごとき骨組みに相当する要素には、目をつむったのではないか。ワイルズが、服部たちについて、「なぜ日本が敗れたかの原因を確める仕事」に非常に熱心に取り組んだと評しているが、とてもそうした大きな問題の解答が得られるような内容ではない。

当事者が歴史を書くことの限界

「全史」に収められた「所懐の一端[106]」で服部は、全史を編纂しおえた所感として、「感慨の一は、年来志して来た修史の第一歩を印し得た」と述べているように、歴史を書き上げた充実感を吐露している。前述したように、当事者ができるのは記録を残すことであり、歴史の編纂と歴史的評価は、第三者によってのみなされねばならないという厳粛な原理にはまったく縁がない。服部に限らず、陸軍士官学校や海軍兵学校の出身者の大半は、当事者しか知らないから、当事者の書くのが歴史であると信じて疑わない。当事者が書けるのは記録だけであり、歴史は利害関係のない第三者が一定の距離と時間をおいてしか書けないことを少しもわかろうとしない。

服部は、大戦中、長きにわたり大本営陸軍部作戦課長として陸軍作戦の中枢中の中枢にあって、ほとんどの陸軍作戦の結果について責任を負わねばならない立場にあった。今日では、大戦中に服部がいくつもの判断ミスを犯したことがわかっている。だがアメリカが中心に行った戦犯裁判は、「権限責任」の考えに基づき意思決定を行った長が全責任をとり、案や計画を出した参謀には責任がないとする解釈に立って行われた[107]。そのため、戦争中の大半の期間、大本営（参謀本部）および陸軍省の参謀・秘書であったにもかかわらず、服部は戦犯として追及されることがなかった。だが日本の法習慣に従えば、天皇を補佐する程度によって責任を負う「補弼責任」があり、大本営陸軍部の主要な作戦計画の立案に当たり、作戦遂行中に大本営陸軍部から発した指示や命令を起案した人物には、最大級の補弼責任を求めてもおかしくなかった。

日本の敗戦に重大な補弼責任を負わねばならない人物が、主観を排して客観的歴史など書けるのだろうか。終戦時に第三師団長であった辰巳栄一のもとに、戦後、再軍備を画策していた服部の命で動いていたある人物から誘いの電報がきたさい、元軍人であった父親が「一度失敗した連中がいまからまた何をしようとしているのだ。それに服部はノモンハンでも失敗した男だ。性懲りもなしに(108)」と忠告をして止めたエピソードを辰巳が書き残している。服部には補弼の責任という観念が薄く、それがために辰巳の父親のような厳しい批判が出てくるのであろう。

「全史」の中で自分のミスを全面的に認め、その原因、影響を客観的に分析でもしていれば本書の価値も少しは高まるが、すべてを「大本営陸軍部」がしたことにし、自分の存在と責任に一切触れない表現をしている。こうした責任ぼかしをすること自体が、本書の限界を浮き彫りにし、歴史になりえない事情を物語っている。

さらに服部は、「戦争責任者の一人である私が、終戦八年にして、今日この稿を通じて更めて戦争の全貌を回顧反省し得た」と強調しているが、格好をつけ、大向こうの受けを狙った服部ならではのパフォーマンスとしか見えない。仮にそうであったにしても、GHQから高額な報酬をもらい、歴史課の資料を利用して書き上げた「全史」のどこにもGHQへの謝辞がないだけでなく、『マッカーサーレポート』の編纂との関わりを否定しつづけたのはなぜか。細かいことには頓着しないアメリカ人の鷹揚さに助けられた「全史」をどのように扱えばいいのか、「全史」を史書ではなく記録として扱うと決めても、どれほど客観性を有する記録として扱うことができるのだろうか。

7　『太平洋戦争日本海軍戦史』について

海上自衛隊によって出版された戦史

海上自衛隊（おそらく海上幕僚監部調査部）が『太平洋戦争日本海軍戦史』一七巻（第十八巻は添付資料）を刊行した。表紙の刊行元が海上自衛隊とあるから、刊行年は海上自衛隊が発足した昭和二十九年（一九五四）六月以降になるが、常識的に考えて三十年代ということになろう。こうした推論を述べるのは、奥付が「編さん記録　昭和二十五年二月調整　第二復員局残務処理部」となっているため、実際の刊行年がわからないからである。

本書は、横書きの手書きガリ版刷りで、いかにも敗戦後の貧困と、アメリカナイズされつつあった時代相をよく表している。第二復員局（引揚援護局）の史実調査部が編纂したことは明らかで、昭和二十五年ごろ、米英等連合国に提出するために作製された「戦争記録」を元原稿にしている。その中から、第二復員省の史実調査部が編纂した海軍に関する作戦記録だけを抜き出し、編集しなおしたものである。

国立国会図書館所蔵の「戦争記録」のうち、第二復員局史実調査部が編纂した項目と、『太平洋戦争日本海軍戦史』の記述とを照らし合わせると、ほぼ一致する。国会図書館が所蔵するのは全体の六割ほどだから、国会図書館側にない項目が出てくるのは当然である。「戦争記録」の項目（題目）は日本側の手で決定されたといわれる。しかし海上自衛隊が、バラバラの項目を整理して構成と目次を立てた可能性は低く、すでに第二復員局の手で出来上がっていたのではないかと考えられる。

戦史利用のための課題

史実調査部の「戦争記録」を便宜上「復員省戦史」と呼ぶことにしたい。海上自衛隊は、第二復員局が編集した復員省戦史を「太平洋戦争日本海軍戦史」と命名し、刊行したのである。第一復員局史実調査部の「戦争記録」も同時に編纂され、連合国側に提出されているから、陸上自衛隊もこれを刊行することができたはずだが、見つかっていないところをみると刊行しなかったのであろう。

復員省戦史は、前述のように戦争終了から数年後に行った関係者に対する聞き取りを主な資料源にしている点に大きな特徴がある。防衛庁の戦史叢書も聞き取りを資料源にしているが、戦争から一〇年以上を経た昭和三十年代から四十年代に実施されたものであり、この開きが復員省戦史の価値ということができるであろう。本書の頒布は限られ、部内で研究に利用されてきたということになっている。

『太平洋戦争日本海軍戦史』は、日本海軍の作戦戦闘を対象にした記録であるため、ニミッツルートに特化したCI&Eの戦争史とは多くの点で異なっている。ニミッツルートを北上する米機動部隊に対して、日本の艦隊が出動したのは、サイパン島近くに米艦隊を迎え撃ったマリアナ海戦のみだからだ。本書ではかなりの紙幅を割いているが、米側にはない。米側にはマリアナで大きな海戦があったという認識がない。

日本側戦史の問題点は、大本営や方面軍あたりの作戦計画に基づいて編纂されたため、実際には計画の一部しか実行されなかったにもかかわらず、あたかも計画どおりに遂行された印象を与える記述が非常に多いことである。マリアナ海戦も計画どおりであれば完敗などするはずがなかったが、計画と実際が大きくかけ離れていたため、信じがたい惨敗を喫した。海軍中央としては大きな海戦をやったつもりでも、こうした懸隔から相手に海戦と認識されない事例もあり、自己中心の姿勢を排して、客観化された戦史の実現につとめなければならない。

なお本書は海上自衛隊内の戦史教育用として印刷されたものだが、島嶼戦のような陸海軍を分離できない戦いが多かった太平洋戦争においては、陸海軍を切り離した戦史では実際に起こった戦況を描くのに困難を来たしたはずで、戦史の世界でも、明治時代以来の陸海軍を区別する方法は時代遅れになってしまった。これを克服する方法を見つけることが、これからの戦史編纂の課題であろう。

おわりに

図にあたったアメリカの占領政策

ごく一般的な資料だけを使い、まだ歴史的研究にも着手していなかった戦争直後、ＧＨＱ・ＣＩ＆Ｅが敗戦国日本に対する教育用として編纂した「太平洋戦争史」「真相箱」が、日本人の戦争史観の形成に決定的影響を与えた。

アメリカ人は戦略的思考に優れているといわれるが、歴史研究における戦略が、まず太平洋戦争の骨組み、構造をつくり、それから細部を詰めていくことにあるとしたら、まさしくアメリカは、占領開始直後に「太平洋戦争史」「真相箱」によって、太平洋戦争史の骨組みを作ったといえる。専門家による専門的研究ではなく、おそらくさまざまな分野の出身者によって作成された教育用パンフレット的性格に近いものだが、敗戦直後の砂漠のような日本社会にたちまち吸い込まれた。ただこれが問題なのは、ワシントンを中心にアメリカ社会一般に認識されていた戦争史を直截的に反映していたことだ。つまりニミッツの戦いが高く評価され、これに基づいて太平洋戦争の骨組みが構成され、マッカーサーの南西太平洋方面の戦いを太平洋戦争史から除外に近い扱いにしたことである。

戦後の日本人には、これに対する批判が許されず、これを正しい「太平洋戦争史」として学ばねばならなかったが、あまり抵抗感なく受け入れた。というのは戦争中の日本国内でも、ニューギニア方面の島嶼戦はあまり取り上げられることがなく、連合艦隊と米艦隊との息詰まる海戦ばかりが報じられ、日米戦争は両海軍の戦いであるというイメージを植え付けられていたからであろう。せいぜいフィリピン戦の敵将としてマッカーサーの名前を聞いていたが、その前はどこで戦っていたのか知らないまま、連合国軍最高司令官として受け入れることになった。

日米双方ともに、太平洋戦争は両国海軍の海上決戦であったという思い込みを背景に、CI&Eが編纂した「太平洋戦争史」「真相箱」で示された骨組みが、日本人に植え付けられ、今日にいたるまで日本人の書く太平洋戦争史に批判されることなく踏襲されてきている。

日米双方の戦史編纂の意義

このような南西太平洋方面の戦い——島嶼戦の欠落が、『マッカーサーレポート』編纂の動機であった。米陸軍省の指示どおりに動いていれば、まずまちがいなく南西太平洋方面の島嶼戦の歴史は葬り去られるという危機感が、南西太平洋方面軍独自の戦史編纂事業を動かしたのである。規則と命令で動く軍組織の中にあって、G2歴史課が独自の戦史を編纂できるのかといえば、やはり規則違反であった。しかし報告書の提出が義務づけられているのを利用し、報告書を隠れ蓑にして戦史の編纂が進められた。『マッカーサーレポート』の題目もこうした事情からだが、詭弁でなくて何であろう。知られてはまずいゆえに極端な秘密主義が採用され、公費の事業でありながら、ウィロビーの私的な事業のような性格にならざるをえなかった。

しかしながら『マッカーサーレポート』は、マッカーサーの解任直前というタイミングで完成したため、アメリカ国防省内の反マッカーサー的空気の中で世に出るチャンスを失い、刊行はマッカーサーの死後まで待たねばならなかった。そのために、米海軍・海兵隊を中心に描かれた太平洋戦争史に修正を迫るという大きな目的を達成することができなかった。

これとは別に、秘密主義がつくった特殊な環境のもとで編纂された服部卓四郎の『大東亜戦争全史』、かなり遅くなったがプランゲの『トラトラトラ』は、それぞれの国で一定の評価を受けた。とくに『トラトラトラ』は、映画化されるなどして大きな話題になった。子が親を乗り越えたのである。

『マッカーサーレポート』が出版されたのは一九六六年（昭和四十一）で、マッカーサーの死去から二年の後であった。日米両国で評判にもならなかったから、その後、日本の研究者でこれを取り上げた者はいなかったし、これを使った研究成果も未だない。CI&Eの「太平洋戦争史」「真相箱」で組み立てられた太平洋戦争史が日本社会に定着し、ニミッツの機動部隊と海兵隊の進攻作戦によって日本が敗北したとする敗因論が、日本社会で広く信じられてきた。米海軍と海兵隊が日本を打ち破ったという解釈が、俗説である「東京裁判史観」と同じ根っこから発生してきているということを日本人は考えようともしない。

日本を打ち破ったのがニミッツならば、どうしてニミッツでなくマッカーサーが連合国軍最高司令官になったのかという素朴な疑問が残るし、どうして日本占領の主力がニミッツの海兵隊でなく、マッカーサーの第六軍と第八軍であったのかという疑問も生まれる。今日の太平洋戦争史は、一方でニミッツの米太平洋艦隊による日本打倒を論じ、他方でマッカーサーの日本占領を論ずるという不整合に陥っているようにみえる。それは、戦争中のニミッツの太平洋艦隊の活躍を実態以上に過大評価し、逆にマッカーサーの南西太平洋方面軍の戦績を過小評価したことが要因となっている。

南西太平洋方面軍は、昭和十七年（一九四二）後半から始まったニューギニア戦に取り組み、ソロモン海戦後、米太平洋艦隊および海兵隊が陣容の立て直しに入ってからも、南西太平洋方面軍だけは一貫して戦いつづけた。両海軍間の戦闘が数週間あるいは数ヵ月に一回の間隔で起こったのに対して、南西太平洋方面軍の島嶼戦は、陸海空のどこかでほぼ連日あるいは数日間ごとの頻度で発生し、日本軍を最も嫌がる消耗戦に引き込んだ。太平洋方面での日本軍の人命および航空機、艦船の損失は、マッカーサーの戦場がもっとも多かった。島嶼戦は艦隊間の海戦のような派手さはないが、連日発生する陸海空の戦闘によって、人命や兵器がみるみる消耗する特徴をもっていた。

こうした南西太平洋方面軍の戦いを切り落とした太平洋戦争史が今日に至るまで続いてきた。ウィロビーやプランゲ、服部の努力が実らなかったわけで、膨大な経費と四年を超える歳月が無駄になったことになる。徹底した秘密主義だけでなく、『マッカーサーレポート』をワシントンにぶつけるという計画そのものに問題があった。

改めて問う島嶼戦の重要性

戦後、「太平洋戦争史」「真相箱」で教育された日本人は、生産力、科学技術力で劣っていたのが敗因と信じるようになったが、それはむろん間違っているわけでない。この論は「真相箱」で初めて指摘された経緯があり、この論にも隠された狙いがあるのではないかと疑ってしまう。南西太平洋方面軍の戦い、とくに島嶼戦に目を向けると、生産力や科学技術力では片づけられない日本軍の統帥権といった根の深い問題が敗因につながっていた。島嶼戦は、まだ検証が進んでいない問題である。

生産力や科学技術力が勝敗を左右する重要な要素という教訓は、どちらかといえば、ニューギニアやガダルカナルの島嶼戦から生まれたもので、日米海軍間の艦隊戦ではなかった。だがそれ以上に島嶼戦で劣勢に立たされた要因は、統帥権体制によってやむなく行われた日本の陸海軍の分裂作戦に対する、米側の陸軍第六軍、海軍第七艦隊、(陸軍航空隊)第五空軍の三軍をマッカーサーの直接指揮下に置き、これを有機的に運動させた三位一体戦あるいは立体戦にあったことを見失ってはならない。

国家体制の矛盾がもたらした日本の敗北

統帥権体制に縛られる日本軍には、マッカーサーが作った態勢に一歩も近づくことができなかった。陸海軍の統一司令部はおろか、統合作戦すらもできなかった。統帥権体制が、重大な障碍であったのである。

島嶼戦では陸海空の三戦力が同じ戦場に集中するため、統帥権体制に拘束された日本軍の欠陥がすべて暴露されることになった。前線の陸海軍は横の連携がむずかしく、完全な縦割り構造下に置かれることになった。横の連絡、連携がとれないため、陸海軍は単独で、あるいはバラバラで戦うよりほかなかったのである。

陸軍の力を一、海軍の力も一とした場合、一プラス一は二になるのが常識だが、日本軍はこの簡単なことができなかった。日増しに強大化していく米軍を前にすると、一プラス一が二になっても、勝利を得る可能性は小さかったかもしれないが、昭和十七年の段階では、日本軍の力が二になっていれば、まだ兵力・戦力の面で優位になるチャンスがいくらもあり、よほど違った展開が見られたにちがいない。

日本軍の欠陥をさらけ出した島嶼戦に目をふさぎ、各戦闘の勝因や敗因を検討しても、単なる技術的問題の解答を得るだけのことである。近代化しきれなかった国家は、その部分から大きなほころびが生じ、破滅へと追い込まれる。日本の場合、統帥権に代表される非近代的側面が多すぎたことは否定できない。戦後、ＧＨＱが行った諸施策は、まさしく日本の敗因となった非近代的側面の否定と、アメリカ式近代化への改革であったことは否定できない。

註

（1）井上成美伝記刊行会編・発行『井上成美』（昭和五十七年）所収。
（2）『井上成美』所収資料、一一八～一一九頁。
（3）『井上成美』所収資料、一三一頁。
（4）（戦史叢書）『南東方面海軍作戦〈一〉』（防衛研修所戦史室編纂、朝雲新聞社、昭和四十六年）四三四頁。
（5）G・W・ニミッツ、E・B・ポッター共著、実松譲・富永謙吾共訳『ニミッツの太平洋海戦史』（恒文社、平成四年）。
（6）抗戦調査。
（7）陸軍の統合司令部案。
（8）航空隊の統合司令部案。
（9）ニューギニア再攻上奏。
（10）（戦史叢書）『東部ニューギニア方面陸軍航空作戦』（防衛研修所戦史室編纂、朝雲新聞社、昭和四十二年）一九八～一九九頁。
（11）同右書、三三一～三三五頁。
（12）同右書。
（13）"Curtin's Gift, Reinterpreting Australias Greatest Prime Minister" John Edwads.
（14）海軍教育局「大東亜戦争敗戦ノ原因及之ガ対策」「大東亜戦争戦訓調査資料　一般所見」。
（15）「南太平洋方面現地陸海軍高級幕僚打ち合わせ」昭和十八年三月。
（16）寺崎英成『昭和天皇独白録　寺崎英成・御用掛日記』（文藝春秋、平成三年）。
（17）山中明『カンルーバン収容所物語』（光人社、昭和六十二年）六頁。
（18）フィンシュハーフェン、サイドル上陸作戦。

（19）福田茂夫『第二次大戦の米軍事戦略』（中央公論社、昭和五十四年）二二四頁。
（20）同右書、二二六頁。
（21）マイケル・シャラー著、豊島哲訳『マッカーサーの時代』（恒文社、平成八年）一一三頁。
（22）竹山昭子「占領下の放送――『真相はこうだ』」（『続・昭和文化１９４５―１９８９』〈勁草書房、平成二年〉所収）。
（23）江藤淳『閉ざされた言語空間　占領軍の検閲と戦後日本』（文藝春秋、平成元年）二二七頁。
（24）三井愛子「新聞連載『太平洋戦争史』の比較調査」前編・後編（『評論・社会科学』九一、同志社大学社会学会、平成二十二年）。
（25）同志社大学社会学会、平成二十二年。
（26）単行本（四九頁）。
（27）江藤淳前掲書、二二五～二三一頁。
（28）保阪正康『日本解体――「真相箱」に見るアメリカＧＨＱの洗脳工作』（産経新聞社、平成十五年）一三頁。
（29）竹山昭子前掲書、一一三頁。
（30）“History of U. S. Naval Operations in World War II” The Rising Sun in the Pacific, S. E. Morison.
（31）“U. S. Naval Logistics in the 2nd World War” D. Ballantine, Princeton Univ. Press.
（32）竹山昭子前掲書、一四〇頁。
（33）竹山昭子前掲書、一〇六・一二八～一三〇頁。
（34）竹山昭子前掲書、一三七頁。
（35）江藤淳前掲書、一三五頁。
（36）竹山昭子前掲書、一三八頁。
（37）平成十四年、小学館。

(38) 保阪正康前掲書。
(39) 竹山昭子前掲書、一三九頁。
(40) 住本利男『占領秘録』（毎日新聞社、昭和四十年）。
(41) 江藤淳前掲書、二二七頁。
(42) 「真相箱」一八七頁。
(43) フランク・リール著、下島連訳『山下裁判』下巻（日本教文社、昭和二十七年）六五〜七八頁。
(44) H・E・ワイルズ著、井上勇訳『東京旋風――これが占領軍だった』（時事通信社、昭和二十九年）二五八頁。
(45) ワイルズ前掲書、二五七頁。
(46) "Reminiscences", 1964 by the General Douglas MacArthur Memorial Foundation.
(47) ダグラス・マッカーサー著、津島一夫訳『マッカーサー大戦回顧録』（中央公論新社、平成十五年）一五四〜一五五頁。
(48) ワイルズ前掲書、二五八頁。
(49) ワイルズ前掲書、二五七頁。
(50) ワイルズ前掲書、二五七頁。
(51) ワイルズ前掲書、二五八頁。
(52) 丸山一太郎「マ元帥の『太平洋戦史』編纂の内実」（『中央公論』昭和二十七年五月号）。
(53) ワイルズ前掲書、二五六頁。
(54) A Brief History of the G-2 Section. GHQ/SWPA and Affliated Units ; 'Introduction to the Intelligence Series'.
(55) 丸山一太郎前掲論文。
(56) ワイルズ前掲書。
(57) 美山要蔵著・甲斐克彦編『廃墟の昭和から』（光人社、平成元年）所収の日誌の昭和二十一年四月十一日には

「史実関係者三十五名（うち支那方面十名をふくむ）が優先帰還せしめられた」とあるが、これらは服部のように史実調査部で活動するために早期帰還したのではなく、戦争記録の聞き取り対象として優先帰還になったと考えられる。

(58) 阿羅健一『秘録・日本国防軍クーデター計画』（講談社、平成二十五年）。
(59) 加藤哲郎「ゾルゲ事件に残された謎」（ゾルゲ・尾崎墓参会講演記録、平成十九年十一月）。
(60) 有末精三『終戦秘史　有末機関長の手記』（芙蓉書房、昭和五十一年）二五二～二五三頁。
(61) 有末精三前掲書では河辺について触れず。
(62) 『日本映画俳優全集　女優編』（海文社、昭和五十五年）四一九頁。
(63) ワイルズ前掲書、二五九頁。
(64) 黒沢文貴解説『GHQ歴史課陳述録――終戦史資料（下）』（原書房、平成十四年）所収。
(65) C・A・ウィロビー著、大井篤訳『マッカーサー戦記〔I〕』（時事通信社、昭和三十一年）七頁。
(66) ウィロビー前掲書「訳者のことば」八頁。
(67) ワイルズ前掲書、二五八～二五九頁。
(68) 「戦争調査会資料綴　三」（防衛研究所所蔵）。
(69) 拙編『米議会図書館所蔵占領接収旧陸海軍資料目録』（平成七年）一四～一七頁。
(70) 「史実調査部資料整理要領及び分担」（防衛研究所所蔵）。
(71) 「戦史資料綴〈連合軍司令部に対する回答書類綴〉索引」。
(72) 「戦史関係回答書類索引目録」（防衛研究所所蔵）。
(73) 土肥一夫「終戦――史料調査会」（『太平洋戦争と富岡定俊』軍事研究社、昭和四十六年）四四一頁。
(74) 引揚援護庁『引揚援護の記録』（昭和二十五年）五～八頁。
(75) 井本熊男「所謂服部グループの回想」（『軍事史学』三九―四）七六～七七頁。

(76) 史実部→史実調査部→資料整理部→資料整理課への変遷を記述。
(77) Japanese Goverment Documents and Censored Publications, complied by Yoshiko. Yoshimura, Library of Congress, Washington 1992. p. 202.
(78) 防衛研究所『防衛研究所三十年史』（昭和六十三年）一〇三頁。
(79) ウィロビー『マッカーサー戦記〔I〕』七頁。
(80) ワイルズ前掲書、二六一頁。
(81) 有末精三前掲書、二五四頁。
(82) 丸山一太郎前掲書、二六〇頁。
(83) ワイルズ前掲書、二六一頁。
(84) ワイルズ前掲書、二六一頁。
(85) 丸山一太郎前掲書、二六九頁。
(86) 有末精三前掲書、二五四頁。
(87) 有末精三前掲書、二五四頁。
(88) 有末精三前掲書、二五五頁。
(89) ウィロビー前掲書、八頁。
(90) 有末精三前掲書、二五五頁。
(91) 拙著『マッカーサーと戦った日本軍』（ゆまに書房、平成二十一年）。
(92) ダグラス・マッカーサー著、津島一夫訳『マッカーサー回想録』上巻（朝日新聞社、昭和三十九年）、一一七頁。
(93) G・W・プランゲ著、千早正隆訳『トラトラトラ　太平洋戦争はこうして始まった』（日本リーダーズダイジェスト社、昭和四十五年）「著者の言葉」。
(94) 近藤新治『戦争を仕掛けた国、仕掛けられた国』（光人社、平成十六年）一〇一頁。

(95) 井本熊男インタビュー。
(96) ワイルズ前掲書、二六〇～二六一頁。
(97) ワイルズ前掲書、二六〇頁。
(98) 「昭和二五～二七年　服部機関」（防衛研究所所蔵）所収。
(99) ワイルズ前掲書、二六〇頁。
(100) 稲葉正夫「編集余聞」（『大東亜戦争全史』原書房、昭和四十年）一〇七三～七四頁。
(101) 井本熊男インタビュー。
(102) このとき、接収されたのは、七万五〇〇〇から八万点ほどと推測されている。前出の美山の日誌に「マッカーサーの旧軍書類狩りには、パラノイアじみたしつこさがある」（昭和二十一年一月二十九日）とあるように、WDCが持ち出したすぐあとであったこともあり、残ったものから少しでも価値の高いものを探し出そうという姿勢が強く出ていたらしい。
(103) 井本熊男インタビュー。
(104) 西浦進氏追悼録編纂委員会編・刊行『西浦進』（昭和四十六年）三六六頁。
(105) 近藤新治前掲書。
(106) 服部卓四郎『大東亜戦争全史』（原書房、昭和四十年）一〇八二～八四頁。
(107) 山本七平『洪思翊』（文藝春秋、昭和六十一年）。
(108) 湯浅博『歴史に消えた参謀　吉田茂の軍事顧問　辰巳栄一』（産経新聞出版、平成二十三年）二六四頁。

あとがき

平成二十七年（二〇一五）で敗戦から満七十年になる。この間、国際的緊張によって日本が周辺諸国を戦争に巻き込むこともなかったし、また巻き込まれることもなかった。その前の七〇年間は、数年置き、十数年置きに事変、戦争が繰り返されただけに、あまりの違いに驚きを禁じ得ないだけでなく、平和な戦後に生きる幸運に感謝せずにはいられない。

敗戦後、多くの日本人は戦争を振り返りながら、なぜ戦争に走ったのか、どうしてあのような戦争になったのか、なぜ負けたのか、戦闘体験を回顧しながら答えを見つけようと努力してきた。旧体制が崩壊し、国民を厳しく監督してきた憲兵や特高の重しも取れた昭和二十年代、日本を占領するＧＨＱの方針にも触発されて、旧体制や旧軍を批判し痛罵して、洗いざらい悪事をあぶり出そうとした。

日本軍の行為の実態を知らしめるおびただしい実見記が出版された。大袈裟な表現がないではないが、洗いざらい国民たる読者に知ってもらおうという執念を感じさせた。これらの暴露本は、今日のものとは違い、読者受けを狙った野心などと縁がなく、筆者が真実と思うことを書いただけであった。国家のため黙して語らないことこそ正しい行いと信じてきた日本人にとって、不名誉な事実の暴露は、分別をわきまえない良識にもとる行為と考えられた。のちの自虐史観への非難の源流はこの辺にあるのかもしれない。日本の名誉、誇りのために自制するのが正しい歴史観であると信じる人たちは、占領軍がいなければ、もっと早い時期に自虐史観の排斥を始めたにちがいない。

まだ東京に一極集中する以前の時代で、地方の伝統文化や地域経済が強かった昭和二十年代、図書類の印刷や刊行も全国各地で盛んに行われていた。復員後、郷里に戻った元将兵は、書きためた原稿を地方の出版社に持ち込んで刊行したが、全国的流通体制が弱かった当時、東京でこうした書籍を購入することはむずかしかった。

昭和三十年（一九五五）、陸上自衛隊幹部学校内に戦史室が設置されると、資料収集の一環として、こうした戦争中の体験記を積極的に収集した。戦史室といえば、昭和三十三年にアメリカから返還された接収文書を所蔵する機関として有名だが、貴重な返還資料を収蔵するために東京市ヶ谷台に新設した書庫は、四層からなっていた。上の三、四層に返還資料が収められたが、下の一、二層には全国から収集された体験記が収められていた。体験記の多くが、敗戦後の極端に貧しかった時代の出版であったから、紙質が悪く、表紙も含めてきわめて安っぽい装幀で、これらが数千冊、あるいは一万冊以上ぎっしり並んだ書庫は、アカデミックな作業をする戦史室には似つかわしくない雰囲気をかもしていた。とはいえこれほど多数の体験記が収集されたことは、戦史室が体験記の歴史的価値を認めていた何よりの証拠であろう。しかし体験記が真実を語り、歴史的価値が高いとしても、それによって必ず戦史編纂に利用され、歴史の一部になっていくわけでない。のちに一〇二巻の「戦史叢書」が完成するが、巻末にまとめられている註を見て明らかなように、体験記が利用された跡はない。

昭和五十一年に戦史室は戦史部に変わり、三年後に市ヶ谷から防衛研究所の目黒に移った。その際、返還文書等の公文書類、将官や佐官クラスの指揮官が記述した備忘録や回想録等は、戦史部が入った同じ建物の史料閲覧室に収められた。ところが体験記類は、防衛研究所図書館の管理下に置かれたのち、行方知れずになった。薄汚く三文小説本のような図書を、図書館に並べるのは勇気がいるだけでなく、目的を果たし役目を終えたと考えたのかもしれない。同じ体験記を探し出すのが困難になっている今日、体験記に記述された真実も永遠に発掘されることはないかもしれない。

昭和三十年ごろになると、「もう戦後ではない」というフレーズが飛び交うようになった。マッカーサーが去り、講和条約が締結されても、米軍のカマボコ兵舎があちこちに残り、米兵や家族の姿を見かけたから、まだ本当に占領の頸木を脱した気分にはなれなかったのだろう。だが三、四年もたつと独立に自信を持ち始め、戦後ではない、アメリカに遠慮することはない、といった空気が強まり、一方的に日本が悪かったといっていた世論が変わり、連合国側にも非があったという声がちらほら出始めた。

前述の戦史室はこのころに設置された。資料不足を補う一環として、作戦の立案と指揮に当たった将官や佐官たちに聞き取りを始め、備忘録等の提出を求めた。体験記が、主に戦闘現場にいた尉官や下士官クラスが記述したのと異なる点である。「戦史叢書」は将官や佐官クラスの視線で、主に作戦計画の立案経緯、計画の実施と戦闘経過を記述している。

将官や佐官が計画した作戦に関する備忘録も体験記も歴史の一部であることに変わりがない。昨今、体験記に近い視線で戦争を見る研究が盛んになる一方、「戦史叢書」に近い視線で描かれた歴史が正しいと主張する動きも活発である。筆者は、視線が違っているだけで、一方が他方を排斥することがあってはならないと思っている。

ところでアメリカからの返還資料を基礎に編纂された「戦史叢書」で、戦争史が完結していると主張するのは、まだ時期尚早である。戦後、アメリカが接収して持ち去った文書類や各種記録は表面上四五万点ほどだが、返還されたのは二万余点で、九五%以上はまだ全米各地に保存され、いずれは出てくるにちがいない。これが太平洋戦争史の決定的制約条件である。出てくれれば、大幅に書き改め、いままで信じてきたことが逆転する可能性さえある。一方の歴史観を他方が排斥できるほど、戦争史が煮詰まるのはずっと先のことで、明日には何が飛び出すかわからないことを銘すべきである。

しかも日本人は、苦手とする戦争の枠組み、戦いの大づかみの流れといった肝心な点を明らかにする努力を先延ばしにしてきた。細かい点の解明には頑張る日本人は、なぜか枠組みとか構造といった問題に対する動きが鈍い。木を見ることには熱心でも、木が生える山には目が行き届かない。戦後、山の部分はアメリカのお仕着せを利用し、その適不適を検証すらしてこなかった。いくらアメリカがこうした問題が得意であるにしても、資料の公開以前で、まったく研究がない時期に、客観的な枠組みを見つけ出し、全体像を描くことができるのか疑わしい。万能の国家ではないはずだ。

本書の目的はこの問題に切り込むことであったが、戦後六〇年の間に世に問うてきた戦争に関する所論をご破算にし、出発点に戻すような内容になってしまった。しかし手掛けてみると、真っ先にやるべき問題を後回しにして、占領軍の提示した歴史観でお茶を濁してきた経緯がわかってきた。戦争史は戦争が終わったあとで書かれるため、戦後の政治等によって左右されやすい。これが戦争史を読み解くさいの忘れてならない心得である。だが戦後の日本では、この心構えが足りなかった。まだアメリカに接収資料の山が残っていることを考えると、まだ出発点に戻っても遅くない。

本書の刊行に、吉川弘文館編集部や、編集実務を担当された歴史の森の方々には一方ならぬご迷惑をおかけした。突然思いついて一気に書き上げたため、かえって周囲の方々に大きなご迷惑をかけた気がする。お詫びを申し上げるとともに、お世話になった方々のお名前を紹介して謝意としたい。

（防研）相沢淳さん、（軍学堂）望月昭義さん、（現代フォトライブラリー）平塚柾緒さん、（帝京大院）長谷川優也さん、（立大院）太田久元さん、（AWM）吉田晴紀さん

二〇一四年五月

田中宏巳

索　引

I 人　名

あ 行

R. H. エリス ……18
アイケルバーガー ……183
アイゼンハワー ……84, 170
秋山紋次郎 ……158
阿南惟幾 ……38
アラード ……121
荒木十畝 ……139
荒木光子 ……139
荒木光太郎 ……138
阿羅健一 ……140
有沢広巳 ……139
有末精三 ……141
石井正美 ……158
石割平造 ……158
板垣徹 ……158
伊藤博文 ……50
稲葉正夫 ……199
井上幾太郎 ……42
井上毅 ……50
井上成美 ……22
井本熊雄 ……160
岩田専太郎 ……165
ウィロビー ……113
ウィンド ……87
ウォンスマー ……87
江藤淳 ……75
F. H. ウィルソン ……136
エングル ……127
及川古志郎 ……23
大井篤 ……149
大内兵衛 ……139
大前敏一 ……151
小澤治三郎 ……155

か 行

カーティン ……45
桂太郎 ……43
加藤シヅエ ……87
加藤哲郎 ……142
加藤鑰平 ……47
河上清 ……143
河辺虎四郎 ……141
木戸幸一 ……147
キング ……63
キンケイド ……26
草鹿龍之介 ……155
クズマ・テレビヤンコ ……134
クラーク・H. 河上 ……143
黒沢文貴 ……142
黒島亀人 ……155
源田実 ……155
小磯国昭 ……147
ゴードン・W. プランゲ ……133
ゴームレー ……104
古賀峯一 ……66
近衛文麿 ……16
近藤新治 ……206

さ 行

櫻井よしこ ……94
サザーランド ……64
佐藤徳太郎 ……159
ジョージ・C. ケニー ……26
杉山元 ……40
スベンソン ……136

た 行

ダイク ……87
高須四郎 ……67
竹久千恵子 ……143
竹前栄治 ……171
田中兼五郎 ……199
田中耕二 ……158
谷川一男 ……43
ダムスガード ……87
千早正隆 ……159

土屋喬雄 ……139
土屋礼子 ……142
D. F. リング……136
寺井義守 ……159
土肥一夫 ……159
ドゥーリットル ……106
東郷茂徳 ……147
東條勝子 ……141
東條英機 ……140
十川潔 ……159
富岡定俊 ……22, 60
豊田副武……67

な　行

中川友長 ……139
永野修身……40
中屋健弌……76
難波田春夫 ……139
ニミッツ ……2
ネイダープルム ……74, 78
ノックス ……120

は　行

橋爪明男 ……139
橋本正勝 ……158
服部卓四郎 ……143
林三郎 ……159
原四郎 ……143
ハルゼー……31, 104
平塚柾緒 ……150
平沼騏一郎 ……147
フェレシナ……87
藤田嗣治 ……165
藤原岩市 ……158
淵田美津雄 ……155
ブラッドホード・スミス……78
フランク・リール ……112
ベアストック……78
ホイットニー ……169
保阪正康……94
堀場一雄 ……158

ま　行

マッカーサー ……2
丸山一太郎 ……133
三上作夫 ……159
水町勝城 ……158, 199
三井愛子……75
宮本三郎 ……165
向井潤吉 ……165
モリソン ……120

や　行

矢内原忠雄 ……139
山岡三子夫 ……159
山口二三 ……158
山口史郎 ……159
山下奉文 ……109
山本五十六……10
山本親雄 ……155
吉田茂 ……170
吉村敬子 ……161
米内光政 ……147

ら　行

ルーズヴェルト ……120
ローターバック……87

わ　行

ワイルズ ……119
渡辺安次 ……155
和田盛哉 ……159

Ⅱ　事　　項

あ　行

アイタペ戦……27
朝日新聞 ……74, 99
アレキシス……48
アント岬……30
硫黄島 ……2, 11, 35
「い」号作戦……39, 48
インデペンデンス級軽空母……32
ウェワク……48
英印軍……41
英帝国戦争博物館 ……162
A 級戦犯 ……101
ATIS……135

エセックス級空母……………………………32
エニウェトク環礁 ………………………… 8
NBC …………………………………………89
エンタープライズ……………………………32
掩体(壕) ……………………………27, 57
オーストラリア ……………………………4
オーストラリア進攻論……………………22
オーストラリア戦争記念館 ……………162
OWI(戦時情報局) ………………………78
大　淀 ………………………………………156
沖　縄……………………………………2, 11
オリンピック作戦 …………………………4
オレンジ計画…………………………………16

か　行

カートウィール作戦(計画)…………31, 179
海軍工廠………………………………………55
海上自衛隊 …………………………………212
海上幕僚監部 ………………………………212
海兵隊……………………………………4, 17
カイロ会談 …………………………………179
蛙跳び作戦 ……………………………29, 34
科学主義………………………………………23
ガダルカナル島(戦)…………2, 19, 30, 31
艦載機…………………………………………15
慣習法…………………………………………50
官尊民卑………………………………………55
艦隊決戦(論) ………………15～17, 60
基地航空機……………………………………25
基地航空戦……………………………………25
基地航空隊 …………………………………… 8
機密作戦日誌 ………………………………204
機密戦争日誌 ………………………………204
旧造兵廠 ……………………………………205
教育勅語………………………………………95
共同通信社……………………………………74
極東軍総司令部歴史課(Military Historical Section)……………………………168
極東国際軍事裁判 …………………………184
ギルバート沖航空戦…………………………33
ギルバート(諸島)…………………………2, 19
グアム…………………………………………18
空軍設置………………………………………42
空母機動部隊 ……………………………4, 9
空母進攻戦……………………………………19
駆逐艦…………………………………………31
グラニット計画………………………………63
クリーブランド級……………………………32
軍令部総長……………………………………40
軍令部第一部…………………………………10
軍令部第一部第一課…………………………22
ケビアン………………………………………48
権限責任 ……………………………………210
現代史料出版 ………………………………171
現地協定………………………………………49
現地情報課 …………………………………136
航空本部長……………………………………22
厚生省第一・二復員局 ……………………158
厚生省引揚援護局 …………………………158
厚生省復員局 ………………………………158
工兵科…………………………………………21
合理主義………………………………………23
護衛空母………………………………………32
五八機動部隊…………………………………75
国立国会図書館憲政資料室 ………………148
コズモ出版社…………………………………93
御前会議議事録 ……………………………204
国家総力戦……………………………………55
コレヒドール …………………………………9
コロネット作戦 ………………………………4
コロンビア大学………………………………78

さ　行

最高戦争指導会議……………………………65
サイドル ……………………………………107
サイパン ………………………………………8
作戦課長………………………………………22
作戦関係資料蒐集委員会 …………………152
サラトガ………………………………………32
漸減作戦論……………………………………16
珊瑚海海戦……………………………………32
サンサポール戦………………………………27
参謀総長………………………………………40
三位一体戦……………………………………27
CI＆E(民間情報教育局) …………………74
GHQ ……………………………………………5
GHQ・G2 …………………………………113
GHQ・G3 ……………………………………74
GHQ 歴史課陳述録………………142, 147
自衛隊…………………………………………62
史実研究所 …………………………………158
史実調査参考資料報告書 …………………156

史実調査部 ……………………………………134
史実部 ………………………………………134
静岡新聞社 …………………………………199
自存自衛………………………………………38
上海事変………………………………………41
終戦秘史 有末機関長の手記……………142
術科教育………………………………………51
消耗戦……………………………………7, 60
上陸作戦………………………………………30
上陸用舟艇 …………………………36, 69
資料整理課 ………………………………160
新軍備計画論…………………………………23
真珠湾攻撃計画………………………………15
真相箱…………………………………………92
真相はこうだ…………………………………88
水平型コミュニケーション…………………92
ステップ………………………………………35
スルアン島……………………………………28
制海権 ……………………………………………8
制空権 ……………………………………………8
精神主義………………………………………23
成文法…………………………………………50
世界情勢判断…………………………………65
絶対国防圏 …………………………………187
セレベス………………………………………67
戦訓報 ………………………………………145
戦史関係回答書類索引目録 ………………157
戦史叢書 ……………………………………162
戦争記録 ……………………………………162
戦争記録調査の指示 ………………………134
ソロモン海戦…………………………………32
ソロモン諸島…………………………………18

た　行

第一生命ビル ………………………………200
第一復員省 …………………………………134
第九艦隊………………………………………43
第五空軍………………………………………21
第五十一師団…………………………………46
第十八軍………………………………………59
第十八軍司令部………………………………40
大東亜会議 …………………………………179
大東亜戦争 ……………………………1, 130
大東亜戦争全史 ……………………………180
第七艦隊………………………………………26
第七航空師団…………………………………47
第二次大戦におけるアメリカ海軍作戦全史
……………………………………………121
第二次比島作戦………………………………28
第二復員局残務処理部 ……………………212
第二復員省 …………………………………134
第二復員省史実調査部 ……………………135
第二方面軍……………………………………38
第八(方面)軍……………………11, 43, 58
太平洋戦争 ……………………………………1
太平洋戦争史………………………………6, 11
太平洋戦争日本海軍戦史 …………………212
大本営海軍部………………………………9, 42
大本営政府連絡会議 ………………………204
大本営政府連絡会議決定綴 ………………204
大本営発表……………………………………99
大本営陸軍部………………………………9, 42
タイム誌………………………………………99
第四艦隊司令長官……………………………67
第四航空軍…………………………………47, 175
大陸命 ………………………………………204
大量生産方式…………………………………55
第六軍…………………………………………11
第六航空師団…………………………………47
台湾沖航空戦 ………………………………189
高山書院………………………………………76
WDC(Washington Document Center)…154
タロキナ上陸…………………………………48
ダンピールの悲劇……………………………47
中央協定………………………………………49
中部太平洋……………………………………11
朝鮮戦争 ……………………………………167
通信機器………………………………………57
ツルブ戦………………………………………27
テニアン島 ……………………………………8
テヘラン会議 ………………………………179
天皇大権………………………………………43
東京裁判史観………………………………6, 94
東京旋風 ……………………………………119
東京帝国大学…………………………………78
東京帝大図書館 ……………………………205
東京放送会館…………………………………86
統合幕僚長会議………………………………30
島嶼戦 ……………………………………7～9, 68
統帥権(体制)……………………………8, 9, 42
東部ニューギニア……………………………19
同盟通信社 …………………………………143

飛び石作戦 ……………………………29, 34
トラック島……………………………58, 187
トラトラトラ ……………………………198

な 行

南海支隊…………………………………19
南西太平洋………………………………10
南西太平洋方面(軍) …………………18, 26
南西太平洋方面軍総司令部(GHQ/SWPA)
……………………………………………81
南方資源地帯……………………………37
二・二六事件……………………………45
日中戦争…………………………………17
ニッポンタイムズ………………………99
日本海軍善玉論…………………………95
日本放送協会(NHK) …………………86
日本本土進攻……………………………18
日本陸軍悪玉論…………………………95
日本郵船ビル ……………………………136
ニミッツルート………………………64, 209
ニューギニア戦 …………………………4
ニュースウィーク誌……………………99
ネイビーヤード …………………………121

は 行

ハイデルベルク大学 ……………………132
八十一号作戦……………………………46
服部機関 ……………………………142, 201
パラオ諸島 ………………………………122
パラシュート爆弾………………………58
張り子の虎………………………………59
ハルマヘラ………………………………67
反跳爆撃…………………………………47
ビアク島…………………………………66
B・C 級戦犯 ……………………………75
B 17 ………………………………………21
B 24 ………………………………………21
B 25 ………………………………………21
B 29 ……………………………………8, 35
P 38 ………………………………………21
P 47 ………………………………………21
引揚援護庁 ………………………………158
ビスマルク海 ……………………………187
ピトー飛行場……………………………27
秘録・日本国防軍クーデター計画 ……140
品質管理…………………………………55
フィニステール山脈 ……………………107
フィリピン ………………………………9
フィンシュハーフェン戦………………27
ブーゲンビル島…………………………48
風船爆弾 …………………………………106
ブーツ……………………………………48
ブナ戦……………………………………27
ブラックリスト作戦 ……………………154
プランゲ文庫 ……………………………150
プリンス・オブ・ウェルズ ……………106
ブルドーザー……………………………54
米議会図書館 ……………………………162
米極東軍総司令部(FEC) ………………127
米極東軍総司令部参謀第二部翻訳通訳部
(TIS)………………………………143
米豪軍……………………………………29
米国陸軍公式報告書……………………99
米太平洋陸軍総司令部(GHQ/USAFPAC)
……………………………………………81
米統合参謀本部…………………………63
米陸軍戦史総監部 ………………………122
ペリリュウー島…………………………37
ペンタゴン ………………………………169
ポートモレスビー………………………19
補給戦……………………………………61
ポツダム宣言 ……………………………3
補弼責任 …………………………………211
補弼(補佐)責任 …………………………140
歩兵第六十五連隊長 ……………………204

ま 行

マーシャル………………………………19
マーシャル諸島 …………………………2
マキン・タラワ島………………………33
鱒書房 ……………………………………199
マダン……………………………………52
マッカーサー大戦回顧録………20, 124, 179
マッカーサールート…………………64, 209
マッカーサーレポート …………………138
マニラ海軍防衛隊 ………………………110
マヌス島 …………………………………181
マリアナ…………………………………19
マリアナ(沖)海戦 ……………………26, 67
マリアナ諸島 ……………………………2
マレー沖海戦 ……………………………106
満洲事変…………………………………73

ミクロネシア前進基地作戦行動…………18
ミッドウェー海戦……………………………32
南太平洋海戦…………………………………32
南太平洋方面作戦陸海軍中央協定………52
民間情報課 …………………………………136
無条件降伏……………………………………76
村山内閣 ……………………………………137
明治憲法(草案) ………………………41, 50
明治生命ビル ………………………………200
メリーランド大学 …………………………133
モータリゼーション…………………………54
モロタイ島(戦)………………………………27

や　行

山下裁判………………………………………75
U. S. ARMY IN WORLD WAR II ………122
ヨーロッパ戦線………………………………63
横浜裁判 ……………………………………184
横浜法廷………………………………………75
読売新聞社 …………………………………171
万朝報 ………………………………………143

ら　行

ラジオ放送……………………………………86
ラバウル………………………………………26
陸軍航空隊…………………………7, 8, 26
陸軍士官学校 ………………………………144
陸軍省情報課 ………………………………136
陸軍造兵廠……………………………………55
陸軍大学校 …………………………………143
陸戦隊…………………………………………17
立教大学………………………………………78
ルオット………………………………………66
ルソン …………………………………………7
レイテ上陸作戦………………………………36
レイテ島 ………………………………………9
レインボー計画………………………………16
レーダー………………………………………57
レノ計画………………………………………63
レパレス ……………………………………106
連合艦隊司令部………………………………10
連合国軍最高司令部(GHQ/SCAP) ……81
レンジャー……………………………………32
連続攻勢作戦…………………………………38
連続攻勢主義…………………………………80
「ろ」号作戦 …………………………………48
ロンドン軍縮問題……………………………41

わ　行

War Guilt Information Program (「戦争についての罪悪感を日本人の心に植えつけるための宣伝計画」)…………………79
ワシントン ……………………………………6
ワマ飛行場……………………………………27

著者略歴

一九四三年　長野県松本市生まれ
一九七四年　早稲田大学大学院博士課程単位取得退学、防衛大学校教授・帝京大学文学部教授を経て
現在　防衛大学校名誉教授

〔主要編著書〕
『米議会図書館所蔵占領接収陸海軍資料総目録』（編著、東洋書林、一九九五年）
『オーストラリア国立戦争記念館所蔵旧陸海軍資料目録』（編著、緑蔭書房、二〇〇〇年）
『マッカーサーと戦った日本軍―ニューギニア戦の記録―』（ゆまに書房、二〇〇八年）

消されたマッカーサーの戦い
日本人に刷り込まれた〈太平洋戦争史〉

二〇一四年（平成二十六）八月十日　第一刷発行

著　者　田《た》中《なか》宏《ひろ》巳《み》
発行者　吉川道郎
発行所　株式会社 吉川弘文館
郵便番号一一三―〇〇三三
東京都文京区本郷七丁目二番八号
電話〇三―三八一三―九一五一〈代表〉
振替口座〇〇一〇〇―五―二四四番
http://www.yoshikawa-k.co.jp/
印刷＝株式会社 平文社
製本＝誠製本株式会社
装幀＝河村　誠

ISBN978-4-642-08257-0